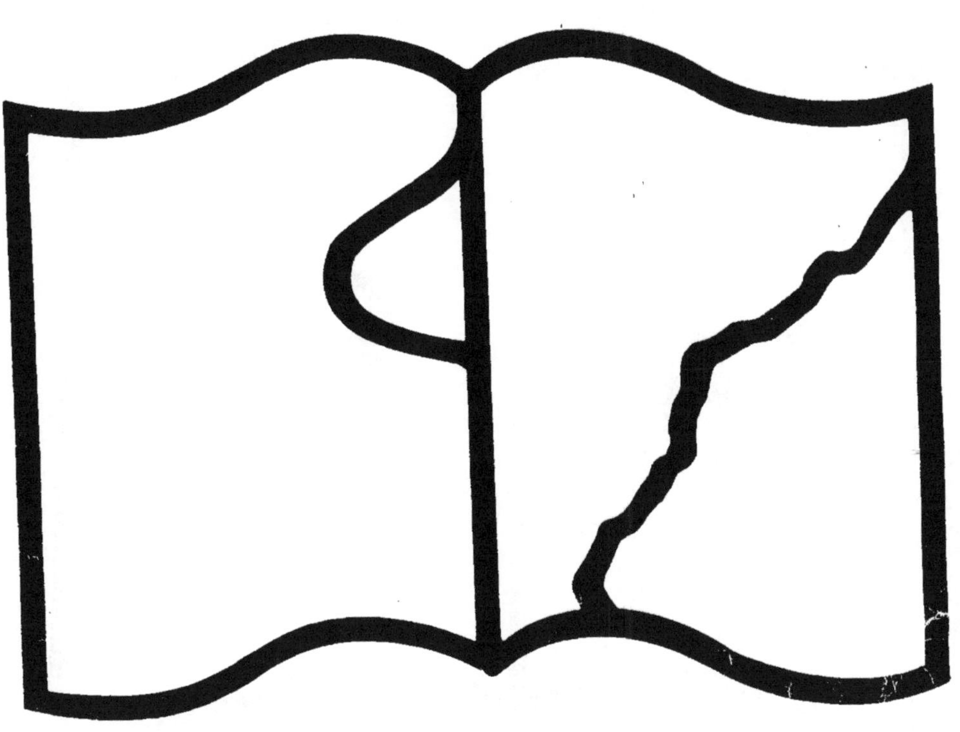

Texte détérioré — reliure défectueuse

**NF Z 43**-120-11

Contraste insuffisant

**NF Z 43**-120-14

» priétai...
Art. 695.
» peut rien faire q...
» incommode.
» Ainsi il ne peut chang...
... de la servitude dans u...
» péchativement assignée.
... ...ont, si cette assignation primitive était devenue
...riétaire du fonds sujetti, ou si elle l'em-
...tion... ...ises il pourrait offrir

V. 2578.
4.E.

Art. 699. » Toute servitude est censée éteinte lorsque le fonds à q
» elle est due, et celui qui la doit, sont réunis dans la même main.

Art. 700. » La servitude est censée éteinte par le non-usage pe
» dant trente ans.

Art. 701. » Les trente ans commencent à courir, selon les d
» verses espèces de servitudes, ou du jour où l'on a cessé d'en
» jouir, lorsqu'il s'agit de servitudes discontinues ; ou du jour où il
» a été fait un acte contraire à la servitude, lorsqu'il s'agit de serv
» tudes continues.

Art. 702. » Le mode de la servitude peut se prescrire comme la
» servitude même, et de la même manière.

Art. 703. » Si l'héritage en faveur duquel la servitude est éta-
» blie, appartient à plusieurs par indivis, la jouissance de l'un em-
» pêche la prescription à l'égard de tous.

Art. 704. » Si parmi les copropriétaires il s'en trouve un contre
» lequel la prescription n'ait pu courir, comme un mineur, il a
» conservé le droit de tous les autres. »



Les articles 633, 634 et 635 sont adoptés.

Le C. TREILHARD fait lecture du
qui dérivent de la situati  es lieux, s

# INSTRUCTION

## SUR

## LE SERVICE D'ARTILLERIE,

### A L'USAGE

## DES ÉLÈVES DE L'ÉCOLE SPÉCIALE

### IMPÉRIALE MILITAIRE.

**Par M. H.**, CAPITAINE AU CORPS IMPÉRIAL D'ARTILLERIE.

—

## A PARIS,

Chez **MAGIMEL**, Libraire pour l'Art militaire, quai des Augustins, n.° 61.

1806.

# PRÉFACE.

Lorsque l'Empereur fit sa première visite à l'Ecole spéciale impériale militaire, S. M. I. et R. manifesta sa volonté que les Elèves fussent exercés aux manœuvres et aux constructions d'artillerie. Jusqu'alors, l'instruction qu'ils recevaient sur cette partie consistait presqu'uniquement dans la manœuvre de canon de bataille; mais depuis l'établissement d'un polygone, cette instruction a été plus étendue, et comprend la manœuvre et le tir des bouches à feu de toutes espèces, les manœuvres de force, la préparation des artifices et des munitions, la construction des batteries de tout genre, etc.

Comme il ne peut y avoir qu'un petit nombre d'Elèves qui puissent participer à la fois aux exercices d'artillerie, et qu'il est important que chacun y passe à son tour, les détachemens successifs qui y ont été employés jusqu'à présent n'ont été exercés que pendant le temps strictement né-cessaire pour leur donner une con-naissance superficielle de chaque chose; et ces détachemens une fois dispensés de ces exercices, l'ont été pour tou-jours.

Cette marche étant indispensable à raison du grand nombre d'Elèves existant à l'Ecole, il en résulte néces-sairement que la plupart de ceux qui ont fait partie de ces détachemens oublient bientôt ce qu'ils ne pouvaient savoir qu'imparfaitement.

Cet inconvénient, vivement senti par le général commandant en second directeur des études, lui a fait désirer qu'il fût rédigé une instruction qui renfermât la théorie du service d'ar-tillerie, auquel les Elèves de l'Ecole sont exercés.

C'est ce travail qu'on présente ici, dans lequel on s'est attaché à donner aux articles essentiels le plus d'exten-sion et le plus de développement pos-sible, afin qu'il puisse servir de mé-morial aux Elèves de l'Ecole.

FAUTES A CORRIGER.

Page 4, ligne 10., son poulet, *lisez :* son pontet.
   4 —— 20, *idem.*
  10 —— 8., la flasque, *lisez :* le flasque.
  24 —— 6, doigtier, *lisez :* dégorgeoir.
  37 —— 10, après les mots *de la droite*, il faut
          une virgule seulement.
  42 —— 9 et 10, *lisez :* EXERCICE DES BOUCHES A
          FEU DE SIÉGE, DE PLACE ET DE CÔTE.
  47 —— 1, et se porte, *lisez :* il se porte.
  53 —— 4, coin de manœuvre, *lisez :* coin d'ar-
          rêt.
  55 —— 14, enlever, *lisez :* élever.
  82 —— 15, les ongles en dessus, *lisez :* les ongles
          en dessous.
  85 —— 8, même faute.
  94 —— 20, même faute.
  95 —— 5, le servant de la batterie, *lisez :* le
          servant de la gauche de, etc.
  95 —— 17, panier, *lisez :* papier.
 112 —— 26, retourner, *lisez :* relever.
 119 —— 4, à hauteur de 32 cent., *lisez :* à hau-
          teur et à 32 cent.
 128 —— 4, une volée, *lisez :* une de volée.
 ibid. —— 13, talon, *lisez :* talus.
 ibid. —— 25, boutons, *lisez :* boulons.
 129 —— 25, même faute.
 130 —— 18, Après le mot bouge, *mettez* un point.
          Les deux mots qui suivent doivent
          faire une ligne.
 130 —— 19, plate, *lisez :* pate.

Page 131, ligne 15 , volée fixe et mobile, *lisez :* fixe et
une mobile.

131 —— 18, une chape, *lisez :* une happe.
132 —— 8, patte , *lisez :* pates.
138 —— 27, le pli, *lisez :* les plis.
154 —— 19, sous les gîtes, *lisez :* sur les gîtes.
155 —— 19, entrailles, *lisez :* entailles.

DANS LES TABLEAUX.

N.º I.     Premier servant de droite en action, ligne 4,
se retire , *lisez :* se relève.

II.     Dernière ligne du tableau , le deuxième servant, *lisez :* le onzième servant : l'a qui
suit est verbe , et ne doit point être ac-
centué.

III.     Premier servant de droite en action, ligne 6,
se retire , *lisez :* se relève.

Dans l'avant-dernière ligne du même tableau , après ces mots : *du timon , mettez*
un point. Après ces mots, *pendant l'action , mettez* une virgule.

VIII. Plate-forme de place, 4 gîtes droits, *lisez :*
2 gîtes.

# INSTRUCTION

SUR

## LE SERVICE D'ARTILLERIE.

*Nomenclature des parties du fusil
d'infanterie.*

Le bois.
La baïonnette.
La baguette.
Le canon.
La platine.

### Garnitures.

La plaque de couche et ses deux vis.
La détente et sa goupille.
La pièce de détente.
La sous-garde et ses deux vis.
La contreplatine ou *S.*
Le battant d'en bas , ou grenadière basse
et sa goupille.
La capucine.
La boucle du milieu ou grenadière.
L'embouchoir.
Le ressort de baguette et sa goupille.

*Inst. d'art.*                    1

*La platine.*

Le corps de platine.
La batterie et sa vis.
Le ressort de batterie et sa vis.
Le ressort de gachette et sa vis.
La gachette et sa vis.
La bride de noix et sa vis.
Le clou de chien ou vis de noix.
Le chien, sa vis, la mâchoire supérieure du chien.
La noix.
Le grand ressort et sa vis.
Le bassinet et sa vis.

## *Noms des parties de chaque pièce du fusil.*

*Le canon.*

La bouche.
Le tenon.
Le devant du canon.
Le tonnerre.
La lumière.
La culasse.
Le talon et la queue de la culasse.

*Le bois.*

Le canal ou logement du canon.
La voie à la baguette.
Le logement de l'embouchoir.
—————————— de la grenadière,
L'arêt de la capucine.

Le logement du talon et de la queue de la culasse.

Le logement du talon de la platine.
———————— de la contreplatine ou *S.*
———————— de la sous-garde.
———————— de la pièce de détente.
La poignée.
Le busc ou busque.
Le logement de la plaque de couche.

### *La platine.*

Le corps, la tête, le rempart, l'encastrement du bassinet, la boutrole, la queue.

Le bassinet, la queue, la fraisure, la bride.

Le grand ressort, la patte, l'œil, la petite branche, le pivot, le cul, la grande branche, la griffe.

La noix, la griffe, le repos, le bandé, le talon, le rond, le carré, le pivot.

La bride de noix, l'œil, le trou du pivot, l'œil de la vis de gachette.

La gachette, le bec, l'œil, le talon, la queue.

Le petit ressort, l'œil, la grande branche, le pivot, la petite branche.

Le chien, la crête, la mâchoire inférieure, la gorge, la sous-gorge, le rein, le pied, la vis, la mâchoire supérieure.

Le clou de chien ou vis de noix.

Le ressort de batterie, la feuille, l'œil, la petite branche, le pivot, le cul, la grande branche.

La batterie, le pied, le talon, l'assise, la face, le retour, le rein.

### Garnitures.

L'embouchoir, le nez, les deux bandes, le guidon.

La grenadière, le pivot, le battant, ses rosettes.

La capucine, son bec.

La contreplatine ou *S*.

La sous-garde, son poulet.

La pièce de détente, sa boutrole.

La détente.

La plaque de couche, son cul de poule ou talon.

### Baïonnette.

La lame,

Le coude.

La douille.

Le bourrelet et son embase.

La virole, son poulet, son pivot et sa vis.

### Baguette.

La tête.

Le corps.

Le petit bout.

### Manière de démonter un fusil.

Il faut pour le démontage du fusil, { un tournevis, un monte-ressort. un pousse-goupille.

1.º Otez la bretelle.

2.º Otez la baïonnette.

3.° Otez la baguette.
4.° ———— les deux vis de platine et la contre-
      platine.
5.° ———— la platine.
6.° ———— l'embouchoir.
7.° ———— la grenadière ou boucle du milieu.
8.° ———— la capucine.
9.° ———— la vis de culasse.
10.° ———— le canon.
11.° ———— la goupille et la grenadière basse
      ou battant d'en bas.
12.° ———— les deux vis de sous-garde et la
      sous-garde.
13.° ———— la goupille et la détente.
14.° ———— la pièce de détente.
15.° ———— la plaque de couche.

*Nota.* On laisse en place au bois du fusil les trois ressorts de l'embouchoir, de la grenadière et de la capucine, celui de la baguette et sa goupille, ainsi que le taquet de la baguette lorsqu'il ne fait point partie de la pièce de détente et qu'il est incrusté dans le bois.

*Démontage de la platine.*

1.° Avec le bec du monte-ressort saisissez l'extrémité de la grande branche du ressort de batterie, appuyez le monte-ressort au bassinet, et arrêtez-le par son crochet au clou de chien.

2.° Otez la vis de batterie et la batterie.

3.° ———— le monte-ressort.

4.º Otez la vis du ressort de batterie et le ressort.

5.º Placez le monte-ressort de manière que le crochet s'appuie sur le rempart du corps de platine et la vis sur la grande branche du grand ressort.

6.º Desserrez la vis du ressort de gachette et faites sortir le pivot de son trou ; achevez d'ôter la vis et le ressort.

7.º Otez la vis de gachette et la gachette.

8.º —— la vis de bride et la bride de noix.

9.º —— le clou de chien.

10.º —— le chien.

11.º —— la noix.

12.º Dévissez et ôtez le monte-ressort.

13.º Otez la vis du grand ressort et le grand ressort.

14.º Otez la vis du bassinet et le bassinet.

*Note pour reconnaître les vis de la platine*
*-démontée.*

Celle du bassinet a la tête fraisée ; les autres ne l'ont pas et suivent cet ordre de longueur.

En dedans : la vis du grand ressort la plus courte.

——————— la vis du ressort de gachette.

——————— la vis de la bride de noix.

——————— la vis de gachette.

En dehors : la vis du ressort de batterie plus grosse que celle de bride, à peu près de même longueur.

——————— la vis de batterie.

# EXERCICE

## DES BOUCHES A FEU DE BATAILLE.

### PIÈCE DE 4.

Il faut pour le service d'une pièce de canon de ce calibre, huit hommes, savoir :

Dénomination des hommes.
- 2 canonniers.
- 2 premiers servans.
- 2 seconds servans.
- 2 troisièmes servans.

Armemens nécessaires.
- 1 écouvillon à manivelle.
- 2 leviers de pointage.
- 1 sceau d'affût.
- 4 bricoles.
- 2 sacs à munitions.
- 1 étui à lance.
- 1 porte-lance.
- 1 sac à étoupilles.
- 1 dégorgeoir.
- 1 doigtier.
- 1 coffret.
- 1 prolonge.

*Position des canonniers et servans lorsque la pièce est chargée sur son avant-train, et répartition des armemens.*

| à gauche. | à droite. |
|---|---|
| Premier servant à hauteur de la bouche de la pièce, dix-huit pouces hors de l'alignement des roues, faisant face à la pièce. Il est | Premier servant à hauteur de la bouche de la pièce, dix-huit pouces hors de l'alignement des roues, faisant face à la pièce. Il est |

4

| *à gauche.* | *à droite.* |
|---|---|
| chargé d'un sac à munitions pendant à gauche, et d'une bricole pendante à droite. | chargé d'une bricole pendante à droite. |

<table>
<tr><td>

Deuxième servant, à un pas de distance du premier servant, sur le même alignement, faisant face à la pièce. Il est chargé d'un sac à étoupille placé en ceinture, d'un dégorgeoir et d'une bricole pendante à droite.

Canonnier à un pas de distance du second servant, sur le même alignement, faisant face à la pièce ; il est chargé du doigtier.

Troisième servant, à un pas de distance du canonnier sur le même alignement, faisant face à la pièce ; il est chargé d'un sac à munitions pendant à gauche.

</td><td>

Deuxième servant, à un pas de distance du premier servant, sur le même alignement, faisant face à la pièce. Il est chargé d'un étui à lances pendant à gauche, d'un porte-lance et d'une bricole pendante à droite.

Canonnier à un pas de distance du second servant, sur le même alignement, faisant face à la pièce.

Troisième servant, à un pas de distance du canonnier, sur le même alignement, faisant face à la pièce.

</td></tr>
</table>

Les canonniers et servans se placent à droite et à gauche dans l'ordre ci-dessus, et se munissent des armemens au commandement : *A vos postes.* — *Prenez vos armemens.*

*Conduire une pièce de 4 chargée sur son avant-train, d'un lieu à un autre, par les hommes qui la servent,*

On commandera : *En avant.*

Le canonnier de gauche détache un levier et se porte au bout du timon. Le canonnier de droite s'y porte également, dispose les chaînes d'attelage avec lesquelles il forme deux boucles en dessus ; le canonnier de gauche y introduit son levier par le petit bout jusqu'à son milieu, le dispose en galère et s'y place, ainsi que le canonnier de droite, près du timon ; les troisièmes servans se placent au même levier en dehors ; les premiers servans accrochent leurs bricoles à la flotte à crochet ; les seconds servans accrochent les leurs au double crochet de la crosse ; ceux de droite, de la main droite ; ceux de gauche, de la main gauche, et tendent sur leurs bricoles.

### Marche :

Les canonniers et servans font effort, marchent et prennent la direction indiquée par le commandant de la pièce : les servans de droite tiennent leurs bricoles de la main droite ; ceux de gauche, de la main gauche.

### Halte :

Les canonniers et servans s'arrêtent : les premiers et seconds servans tendent sur leurs bricoles.

### A vos postes :

Les servans de droite tournent par la gauche, décrochent leurs bricoles de la main gauche, ceux de gauche font l'inverse : chacun reprend son poste ; le canonnier de gauche reporte le levier à sa place.

Si la pièce est arrivée sur le terrain parde-

vant la ligne qu'elle doit occuper en batterie,
on fera le commandement :

*Otez l'avant-train.*

Le troisième servant de droite élève le bout
du timon ; le canonnier de droite décroche la
chaîne d'embrelage, soulève la crosse à l'aide
du canonnier de gauche, placé ainsi que lui
contre la flasque. Dès que la cheville ouvrière
est hors de la lunette, on fait avancer l'avant-
train quatre pas en avant pour pouvoir poser
la crosse à terre : alors les canonniers enlèvent le coffret et le portent sur l'avant-train,
que l'on conduit aussitôt à vingt pas en arrière ; les seconds servans placent les leviers
de pointage ; le premier servant de droite
prend l'écouvillon à l'aide du second ; chacun
prend son poste à droite et à gauche de la
pièce dans l'ordre ci-après, prêts à manœuvrer.

L'avant-train étant arrivé à vingt pas en
arrière, on le tourne par la gauche pour placer
le timon du côté et dans la direction de la
pièc e.

Si la pièce arrive parderrière la ligne
qu'elle doit occuper en batterie, on fera le
commandement :

*En batterie.*

On ôte l'avant-train, comme il est expliqué ci-dessus. Dès que le coffret est placé,

on tourne l'avant-train par la gauche, on le conduit à vingt pas en arrière. Aussitôt qu'il a dépassé la pièce, les canonniers se portent aux leviers de pointage, les premiers et seconds servans aux roues; on tourne la pièce par la gauche et chacun prend son poste dans l'ordre ci-après, prêts à manœuvrer.

### *Position des canonniers et servans en batterie.*

| *à gauche.* | *à droite.* |
|---|---|
| Premier servant, à hauteur de la bouche de la pièce, dix-huit pouces hors de l'alignement des roues, faisant face à la pièce. | Premier servant, à hauteur de la bouche de la pièce, dix-huit pouces hors de l'alignement des roues, faisant face à la pièce et tenant son écouvillon des deux mains horizontalement. |
| Deuxième servant, à hauteur du bouton de culasse, sur l'alignement du premier servant, faisant face à la pièce et tenant son dégorgeoir de la main droite. | Deuxième servant, à hauteur du bouton de culasse, sur l'alignement du premier servant, faisant face à la pièce et tenant son porte-lance de la main droite. |
| Canonnier, à hauteur du milieu des leviers de pointage, sur l'alignement des premiers et seconds servans, faisant face à la pièce et ayant le doigtier au second doigt de la main gauche. | Canonnier à hauteur du milieu des leviers de pointage sur l'alignement des premier et second servans, faisant face à la pièce. |

| *à gauche.* | *à droite.* |
|---|---|
| Troisième servant, à hauteur du bout du timon, dans le prolongement de la ligne formée par les hommes employés à la gauche de la pièce et leur faisant face; il est pourvoyeur de la pièce. | Troisième servant, à hauteur du bout du timon, dans le prolongement de la ligne formée par les hommes employés à la droite de la pièce et leur faisant face. |

Le commandement : *A vos postes*, indique aux canonniers et servans qu'ils doivent respectivement prendre la position ci-dessus indiquée.

Pour faire feu, on commandera :

### En action.

Le second servant de droite décroche le sceau, le pose sous la fusée de l'essieu, allume sa lance et se place en demi à gauche ; le canonnier de droite se porte entre les leviers de pointage, dirige la pièce, se retire à son poste et fait le commandement :

### Chargez.

Le canonnier de gauche se porte à la culasse, bouche la lumière et donne les degrés d'élévation ; les premiers servans à la volée pour charger la pièce. Lorsqu'elle est chargée et pointée, que les premiers servans et le canonnier de gauche se sont retirés à leurs postes ; le second servant de gauche se porte à la culasse, dégorge, place l'étoupille, se retire à son poste et fait le signal au second servant de droite de mettre le feu.

Le coup parti, on recharge la pièce de la même manière; on continue le feu jusqu'au *roulement*, ou jusqu'au commandement : *A vos postes*, auquel le second servant de droite éteint sa lance, accroche le sceau, et chacun reprend son poste.

Pendant l'action, le troisième servant de droite est à la garde du coffret et distribue les munitions au troisième de gauche. Celui-ci se place à moitié de la distance de l'avant-train à la pièce; il porte des munitions au premier servant de gauche; il a soin de temps à autre de remplacer du caisson au coffret les muni-tions qui auront été tirées de ce dernier pour le service de la pièce.

*Observations.* Le détail ci-dessus représente seulement l'ensemble de la manœuvre, on trou-vera dans le tableau ci-après, n.° I, relatif au service de la pièce de quatre, le détail de la position et des fonctions des canonniers et servans pendant l'action.

*En parade :*

Les premiers servans font à droite et à gau-che, celui de droite portant son écouvillon de la main droite horizontalement, la brosse en avant; les seconds servans se mettent en file derrière les premiers servans à hauteur de la fusée de l'essieu, les canonniers se placent de même à hauteur du bouton de culasse, les troisièmes restent à leurs postes.

### *En avant* :

Les canonniers se portent aux leviers de pointage, qu'ils saisissent des deux mains ; les premiers servans accrochent leurs bricoles au crochet de la tête d'affut ; les seconds servans accrochent les leurs à la flotte à crochet, ceux de droite de la main gauche, ceux de gauche de la main droite ; le premier servant de droite tenant son écouvillon de la main droite horizontalement, la brosse en avant : les troisièmes servans se disposent à faire faire à l'avant-train, au commandement de *Marche*, le même mouvement que celui de la pièce.

### *Marche :*

Les canonniers soulèvent la crosse, les premiers et seconds servans tendent sur leurs bricoles qu'ils tiennent de la main qui est du côté de la pièce ; on marche en suivant la direction indiquée par le commandant de la pièce ; les troisièmes servans conduisent l'avant-train, et le maintiennent toujours à vingt pas en arrière de la pièce.

### *Halte :*

Les canonniers posent la crosse à terre et chacun reste en place.

### *A vos postes :*

Les premiers et seconds servans tournent

en dehors, décrochent leurs bricoles, ceux de droite de la main droite, ceux de gauche de la main gauche, et reprennent, ainsi que les canonniers et les troisièmes servans, la position indiquée ci-dessus pour chacun d'eux.

*En retraite :*

Les canonniers se portent aux leviers de pointage qu'ils saisissent d'une main seulement, celui de droite de la main droite, celui de gauche de la main gauche ; les premiers servans accrochent leurs bricoles à la flotte à crochet ; les seconds servans accrochent les leurs au double crochet de la crosse, ceux de droite de la main droite, ceux de gauche de la main gauche ; le premier servant portant son écouvillon de la main gauche horizontalement, la brosse en avant : les troisièmes servans tournent l'avant-train par la gauche, et se disposent à lui faire faire le même mouvement que la pièce au commandement suivant :

*Marche :*

Comme il est expliqué ci-dessus, après le commandement : *En avant.*

*A vos postes :*

Comme ci-dessus, à l'exception que les servans de droite décrochent leurs bricoles de la main droite, et ceux de gauche de la main gauche ; les troisièmes servans tournent l'avant-train par la gauche pour placer le timon vis-à-vis et dans la direction de la pièce.

*Amenez l'avant-train :*

Le premier servant de droite remet l'écouvillon à sa place, à l'aide du second; le servant garde du coffret, aidé par le troisième de gauche, amène l'avant-train vers la pièce en obliquant à droite, de manière qu'en le tournant par la gauche il se trouve vis-à-vis et à quatre pas en arrière de la crosse. En même temps les canonniers ôtent les leviers de pointage, les passent aux seconds servans : celui de gauche les place dans l'anneau carré porte armement à l'aide du premier servant; les canonniers enlèvent le coffret, le placent dans le délardement des flasques et soulèvent la crosse. On fait reculer l'avant-train pour pouvoir introduire la cheville ouvrière dans la lunette; le canonnier de droite accroche la chaîne d'embrelage, et chacun reprend son poste à droite et à gauche de la pièce, et à un pas de distance l'un de l'autre, comme il a été dit ci-dessus.

Si c'est pour marcher en avant de la ligne sur laquelle la pièce était en bataille, on commandera :

*Amenez l'avant-train en avant.*

Le servant garde du coffret conduit l'avant-train deux pas en avant de la bouche de

la pièce en passant par la droite; le canonnier
et les servans de la droite se serrent contre
le flasque pour laisser passer l'avant-train:
dès qu'il a dépassé la pièce, les canonniers
se portent aux leviers de pointage, les premiers et seconds servans aux roues; on tourne
la pièce par la gauche et on charge ensuite
l'affût sur l'avant-train, comme il a été dit
ci-dessus.

## PIÈCE DE 6.

Il faut, pour le service d'une pièce du calibre de six, le même nombre d'hommes et
d'armemens que pour celui d'une pièce de
huit, la manœuvre s'exécutant de la même
manière pour l'une et l'autre bouche à feu:
on renvoie à ce qui sera dit ci-après pour la
manœuvre du calibre de huit, en observant
de supprimer le détail relatif au changement
d'encastrement qui n'a point lieu pour la pièce
de six.

L'affût de six diffère de celui de huit, en
ce qu'il n'a point d'anneaux de support. Cette
différence occasionne un changement dans la
position des seconds servans, lorsqu'il s'agit
de décharger ou de charger l'affût sur l'avant-
train, lesquels, au lieu de se placer aux leviers
de support, se portent aux flasques pour aider
les canonniers à soulever la crosse, à la poser
à terre, ou à la charger sur l'avant-train.

Aux commandemens: *En avant*, les seconds

servans se portent à hauteur de la fusée de l'essieu pour aider au mouvement de la pièce en poussant à la roue lorsque cela est nécessaire : en retraite, ils se portent à la volée.

## PIÈCE DE 8.

Il faut pour le service d'une pièce de ce calibre, treize hommes, savoir :

Dénomination des hommes.
- 2 canonniers.
- 2 premiers servans.
- 2 seconds servans.
- 2 troisièmes servans.
- 2 quatrièmes servans.
- 2 cinquièmes servans.
- 1 onzième servant.

Armemens nécessaires.
- 1 écouvillon à hampe droite avec refouloir.
- 4 leviers de pointage.
- 1 sceau d'affût.
- 8 bricoles, 4 longues et 4 courtes.
- 3 sacs à munitions.
- 1 étui à lances.
- 1 porte-lances.
- 1 sac à étoupilles.
- 1 dégorgeoir.
- 1 doigtier.
- 1 coffret.
- 1 prolonge.

*Position des canonniers et servans lorsque la pièce est chargée sur son avant-train, et répartition des armemens.*

#### à gauche.

Premier servant, à hauteur de la bouche de la pièce, dix-huit pouces hors de l'alignement des roues, faisant face à la pièce. Il est chargé d'une bricole longue, pendante à droite.

Deuxième servant, à un pas de distance du premier servant, sur le même alignement, faisant face à la pièce. Il est chargé du sac à étoupilles qu'il porte en ceinture, et du dégorgeoir.

Canonnier, à un pas de distance du second servant, sur le même alignement, faisant face à la pièce. Il est chargé du doigtier.

Troisième servant, à un pas du canonnier, sur le même alignement, faisant face à la pièce. Il est chargé d'un sac à munitions pendant à gauche, et d'une bricole courte pendante à droite.

#### à droite.

Premier servant, à hauteur de la bouche de la pièce, dix-huit pouces hors de l'alignement des roues, faisant face à la pièce. Il est chargé d'une bricole longue pendante à droite.

Deuxième servant, à un pas de distance du premier servant, sur le même alignement, faisant face à la pièce. Il est chargé de l'étui à lances pendant à gauche, et du porte-lances ou boute-feu.

Canonnier, à un pas de distance du second servant sur le même alignement, faisant face à la pièce.

Troisième servant, à un pas du canonnier, sur le même alignement, faisant face à la pièce. Il est chargé d'une bricole courte pendante à droite.

| *à gauche.* | *à droite.* |
|---|---|
| Quatrième servant, à un pas du troisième, sur le même alignement, faisant face à la pièce. Il est chargé d'un sac à munitions pendant à gauche, et d'une bricole longue pendante à droite. | Quatrième servant, à un pas du troisième, sur le même alignement, faisant face à la pièce. Il est chargé d'une bricole longue pendante à droite. |
| Cinquième servant, à un pas du quatrième, sur le même alignement, faisant face à la pièce. Il est chargé d'un sac à munitions et d'une bricole courte pendante à droite. | Cinquième servant, à un pas du quatrième, sur le même alignement, faisant face à la pièce. Il est chargé d'une bricole courte pendante à droite. |

Onzième servant à gauche et à hauteur du bout du timon.

Les canonniers et servans se placent dans l'ordre ci-dessus et se munissent des armemens au commandement : *A vos postes. — Prenez vos armemens.*

*Conduire une pièce de 8 chargée sur son avant-train, d'un lieu à un autre, par les hommes qui la servent,*

On commandera : *En avant.*

Le canonnier de gauche détache un levier et se porte au bout du timon ; le canonnier de droite s'y porte également, dispose les chaînes d'attelage, avec lesquelles il forme deux boucles en dessus ; le canonnier de gauche y introduit son levier par le petit bout jusqu'à son milieu,

le dispose en galère et se place, ainsi que le canonnier de droite, près du timon ; les seconds
servans se portent au même levier en dehors
des canonniers; les premiers servans accrochent leurs bricoles à la flotte à crochet ; les
troisièmes doublent dessus ; les cinquièmes
accrochent les leurs au double crochet de la
crosse; les quatrièmes doublent dessus, le
onzième servant se porte à la volée.

Les commandemens de *Marche*, *Halte*, *A
vos postes*, s'exécuteront comme il a été dit
dans le détail relatif à la pièce de quatre.

*Pour faire passer la pièce de l'encastre-
ment de route à celui de tir,*

On commandera ; *Préparez-vous à changer
d'encastrement.*

Les seconds servans lèvent les susbandes,
celui de droite enraie la roue ; le canonnier
et le premier servant de gauche détachent les
leviers, en passent un au premier servant, un
au canonnier de droite et en gardent chacun
un.

*Changez d'encastrement :*

Le premier servant de gauche introduit son
levier par le gros bout dans l'ame de la pièce
et l'enfonce à moitié de sa longueur ; le premier servant de droite embarre sous le bouton de culasse, le canonnier de gauche sous le
premier renfort, soulèvent la culasse à l'aide
des seconds servans, qui se portent à leur se-

cours; le canonnier de droite tournant le dos à l'avant-train place son levier en rouleau sous le premier renfort et le fait avancer jusqu'au cintre de mire, ayant attention que l'arrêtoir dépasse le flasque de gauche. Le premier servant de droite porte son levier en croix sous celui qui est dans la volée; le canonnier de gauche introduit le petit bout du sien dans l'anse droite de la pièce pour la maintenir pendant le mouvement; les second et troisième servans se portent au secours des premiers; les second et le troisième de gauche à celui qui est en croix, le troisième de droite à celui qui est dans la volée. Au commandement : *Ferme*, que fait le canonnier de droite, les servans agissent ensemble avec force, précaution et sans secousse, pour faire descendre la pièce dans l'encastrement de tir; le canonnier de droite fait tourner son levier pour faciliter le mouvement. Lorsqu'elle y est parvenue, les troisièmes servans retournent à leurs postes; les seconds servans placent les susbandes, celui de droite désenraie la roue; les premiers servans pèsent sur la volée; les canonniers dégagent leurs leviers, les posent debout contre les bras du coffret, celui de droite soutient la semelle, celui de gauche relève la vis de pointage, les premiers servans reprennent leurs postes conservant leurs leviers; les canonniers passent les leurs par le petit bout dans les anneaux carrés de support.

*Pour décharger la pièce de dessus son avant-train et la mettre en batterie,*

On commandera : *Otez l'avant-train.*

Le onzième servant élève le timon ; le canonnier de droite décroche la chaîne d'embrelage, soulève la crosse à l'aide du canonnier de gauche, placé, ainsi que lui, contre le flasque ; les seconds servans se portent au secours des canonniers et se placent aux leviers de support, entre le flasque et la roue. Dès que la cheville ouvrière est hors de la lunette, on fait avancer l'avant-train quatre pas pour pouvoir poser la crosse à terre ; les canonniers enlèvent le coffret et le mettent sur l'avant-train, qu'on conduit aussitôt à vingt pas en arrière. Les seconds servans reçoivent les leviers des premiers servans, les placent dans les anneaux de pointage : le premier de droite prend l'écouvillon à l'aide du second ; chacun prend son poste à droite et à gauche de la pièce dans l'ordre ci-après, prêts à manœuvrer.

*Position des canonniers et serv. en batterie.*

| à gauche. | à droite. |
|---|---|
| Premier servant, à hauteur de la bouche de la pièce, dix-huit pouces hors de l'alignement des roues, faisant face à la pièce. | Premier servant, à hauteur de la bouche de la pièce, dix-huit pouces hors de l'alignement des roues, faisant face à la pièce et tenant son écouvillon des mains horizontalement. |

*à gauche.*

Deuxième servant, à hauteur du bouton de culasse, sur l'alignement du premier servant, faisant face à la pièce. Il tient son doigtier de la main droite.

Canonnier, à hauteur du milieu des leviers de pointage, sur l'alignement des premier et second servans, faisant face à la pièce. Il porte le doigtier au second doigt de la main gauche.

Troisième servant, à hauteur du bout du timon dans le prolongement de la ligne formée par les hommes employés à la gauche de la pièce, et leur faisant face.

Quatrième servant, à un pas de distance du troisième servant, derrière et dans la même position que lui.

Cinquième servant, à un pas de distance du quatrième servant, derrière et dans la même position que lui.

*à droite.*

Deuxième servant, à hauteur du bouton de culasse, sur l'alignement du premier servant, faisant face à la pièce. Il tient le porte-lance de la main droite.

Canonnier, à hauteur du milieu des leviers de pointage, sur l'alignement des premier et second servans, faisant face à la pièce.

Troisième servant, à hauteur du bout du timon dans le prolongement de la ligne formée par les hommes employés à la droite de la pièce, et leur faisant face.

Quatrième servant, à un pas de distance du troisième servant, derrière et dans la même position que lui.

Cinquième servant, à un pas de distance du quatrième servant, derrière et dans la même position que lui.

Onzième servant à hauteur et à gauche du bout du timon, faisant face à la pièce.

*En action:*

*En action :*

Le onzième servant de droite décroche le sceau, le pose sous la fusée de l'essieu, allume sa lance et se place en demi-à-gauche. Le second servant de gauche pousse les leviers de support vers la droite de l'affût pour avoir la facilité de se porter à la culasse ; le canonnier de droite se porte entre les leviers de pointage, dirige la pièce, se retire à son poste et fait le commandement : *Chargez.*

Le canonnier de gauche se porte à la culasse, saisit la manivelle de la main droite pour donner les degrés d'élévation, et bouche la lumière de la gauche ; les premiers servans se portent à la volée, chargent la pièce et se retirent à leurs postes. Le canonnier de gauche reprend le sien dès que la pièce est chargée et pointée : alors le second servant de gauche se porte à la culasse, dégorge de la main droite, place l'étoupille de la gauche, se retire à son poste et fait le signal au second servant de droite de mettre le feu. Le coup parti, on recharge la pièce de la même manière.

Au commandement : *En action*, le onzième servant se porte au coffret pour distribuer les munitions aux troisième, quatrième et cinquième servans de gauche, pourvoyeurs de la pièce : l'un d'eux, le troisième servant, d'abord se porte rapidement derrière le premier servant de gauche pour être à portée de lui donner la charge. Lorsque ses munitions sont épuisées, il est remplacé par le quatrième servant, celui-ci par le cinquième, et ainsi alternativement jusqu'au roulement ou au commandement : *A vos postes*, auquel le second servant éteint sa lance, accroche le seau, et chacun reprend son poste.

Pendant l'action, les pourvoyeurs sont chargés de remplacer du caisson au coffret les munitions qu'on a tirées de ce dernier pour le service de la pièce.

*Observation.* Le détail ci-dessus représente l'ensemble de la manœuvre, mais ne donne pas la position précise des hommes qui agissent pendant l'action. On en donnera l'explication pour chacun d'eux dans le tableau ci-après, n.° III, relatif à la manœuvre de 8.

### En parade :

Les canonniers et servans sont disposés, comme il a été dit, pour le service de la pièce de quatre : le premier servant de droite porte son écouvillon sur l'épaule droite, la brosse en bas.

### En avant :

Les canonniers se portent aux leviers de pointage, les seconds servans aux leviers de support ; les premiers servans accrochent leurs bricoles à la tête d'affût ; les troisièmes doublent dessus; les quatrièmes servans à la flotte à crochet; les cinquièmes doublent dessus; le onzième servant se dispose à faire faire à l'avant-train le même mouvement que celui de la pièce.

### En retraite :

Les canonniers se portent aux leviers de pointage; les seconds servans se placent aux leviers de support en dehors des bricoles ; les troisièmes servans accrochent leurs bricoles à la flotte à crochet, les premiers doublent dessus; les quatrièmes servans au double crochet de la crosse, les cinquièmes doublent dessus ; le onzième servant tourne l'avant-train par la gauche, et se dispose à lui faire faire le même mouvement que celui de la pièce.

Les commandemens : *Marche*, — *Halte*, — *A vos postes*, s'exécutent, comme il a été dit, dans le détail relatif au service de la pièce de quatre.

### Amenez l'avant-train :

Le premier servant de droite remet l'écouvillon à sa place à l'aide du second ; les canonniers ôtent les leviers de pointage, les passent aux seconds; celui de gauche les replace dans l'anneau carré à l'aide du premier servant; le onzième servant garde du coffret amène l'avant-train vers la pièce, en obliquant un peu à droite, de manière qu'en le

tournant par la gauche , il se trouve vis-à-vis
et à quatre pas en arrière de la crosse ; les
canonniers enlèvent le coffret, le placent dans
le délardement des flasques , soulèvent la
crosse à l'aide des seconds servans placés aux
leviers de support, entre le flasque et la roue ;
on fait reculer l'avant-train pour pouvoir introduire la cheville ouvrière dans la lunette.
Le canonnier de droite accroche la chaîne
d'embrelage; le second servant de gauche ôte
les leviers de support, les remet à leur place;
après quoi, chacun reprend son poste à droite
et à gauche de la pièce, et à un pas de distance, comme il a été dit ci-dessus.

Si on veut en même temps mettre la pièce
dans l'encastrement de route , on commandera :

*Amenez l'avant-train, et changez d'encas-*
*trement ;*

Au lieu de remettre les leviers de pointage
dans l'anneau carré, les seconds servans les passent aux premiers; on amène l'avant-train, on
charge la pièce dessus, comme il vient d'être
dit; aussitôt les seconds servans ôtent les susbandes ; celui de droite enraie la roue ; les canonniers prennent chacun un levier par le gros
bout dans les anneaux de support, les posent
debout contre les bras du coffret ; le premier
servant de gauche introduit son levier par

le gros bout dans l'ame de la pièce ; le premier servant de droite ayant la main droite sur le bourrelet , appuie en même temps que celui de gauche sur la volée pour lever la culasse ; le canonnier de droite soutient la semelle ; celui de gauche abat la vis de pointage et l'appuie contre l'entretoise de support ; le canonnier de droite , tournant le dos à l'avant-train , place son levier en rouleau sous le premier renfort, et le fait avancer jusqu'au-delà du cintre de mire , ayant attention que l'arrètoir dépasse le flasque de gauche ; le canonnier de gauche introduit le petit bout du sien dans l'anse droite de la pièce pour la maintenir pendant le mouvement ; le premier servant de droite place son levier en croix sous celui qui est dans la volée ; les second et troisième servans se portent au secours des premiers ; le second et le troisième de gauche à celui qui est en croix ; le troisième de droite à celui qui est dans la volée. La manœuvre ainsi préparée , le canonnier de droite fait le commandement : *Ferme,* auquel les servans agissent ensemble avec force , précaution et sans secousse , pour faire remonter la pièce dans l'encastrement de route ; le canonnier de droite fait tourner son levier pour aider au mouvement , et a soin de le redresser à fur et à mesure , pour que la pièce ne se porte

point trop à gauche. Lorsque les tourillons
se trouvent à hauteur de l'encastrement, les
troisièmes servans retournent à leurs postes ;
le canonnier de gauche embarre sous le premier renfort, le premier servant de droite
sous le bouton de culasse, soulèvent la culasse
à l'aide des seconds servans, qui se portent
à leur secours ; le canonnier de droite dégage
son levier, et on descend la pièce dans son
encastrement ; les seconds servans placent les
susbandes ; celui de droite désenraie la roue ;
le canonnier et le premier servant de droite
passent leurs leviers au canonnier et au premier servant de gauche, qui les placent avec
les leurs dans l'anneau carré porte-armement.

## PIÈCE DE 12.

Le service d'une pièce de 12 exige deux
hommes de plus que celui de la pièce de 8 :
on les emploie sous la dénomination de
sixièmes servans ; le servant garde du coffret
prend alors la dénomination de treizième
servant.

Les armemens sont en même nombre, de
même espèce et répartis de la même manière qu'à la pièce de 8. L'exécution de la
manœuvre étant la même dans tous les cas,
on indiquera seulement ici ce qui concerne
les sixièmes servans, renvoyant pour le surplus à ce qui a été dit dans le détail relatif
à la manœuvre de 8.

La pièce étant sur son avant-train, les sixièmes servans se placent à un pas de distance des cinquièmes sur le même alignement, faisant face à la pièce. Au commandement : *En avant*, ils se portent à la volée, placent une main à l'une des anses, l'autre au bourrelet pour faire effort au commandement : *Marche*, et aider au mouvement de la pièce.

En batterie, les sixièmes servans sont à l'avant-train, placés à un pas de distance des cinquièmes, faisant face à la pièce.

Dans la marche en avant, en bataille, ils se portent aux leviers de support entre les seconds servans et le flasque, pour aider à supporter la crosse ; en retraite, ils se portent à la volée.

## OBUSIER DE SIX POUCES.

Il faut pour le service de cette bouche à feu treize hommes, savoir :

Dénomination des hommes.
{
2 bombardiers.
2 premiers servans.
2 seconds servans.
2 troisièmes servans.
2 quatrièmes servans.
2 cinquièmes servans.
1 onzième servant.

4

Armemens
nécessaires.
{
1 écouvillon à hampe droite avec refouloir.
4 leviers de pointage.
1 seau d'affût.
8 bricoles, quatre longues, quatre courtes.
3 sacs à munitions.
1 étui à lances.
1 porte-lance.
1 sac à étoupilles.
1 dégorgeoir.
1 doigtier.
1 coffret.
1 prolonge.
}

*Position des bombardiers et servans lorsque l'obusier est sur son avant-train, et répartition des armemens.*

#### à gauche.

Premier servant, à dix-huit pouces hors de l'alignement des roues, placé de manière que son épaule droite se trouve vis-à-vis le devant de la roue. Il est chargé d'une bricole longue, pendante à droite.

Deuxième servant, à un pas de distance du premier servant, sur le même alignement, faisant face à l'obusier. Il est chargé du sac à étoupilles qu'il porte en ceinture, et du dégorgeoir.

#### à droite.

Premier servant, à dix-huit pouces hors de l'alignement des roues, placé de manière que son épaule gauche se trouve vis-à-vis le devant de la roue. Il est chargé d'une bricole longue, pendante à droite.

Deuxième servant, à un pas de distance du premier servant, sur le même alignement, faisant face à l'obusier. Il est chargé de l'étui à lances qu'il porte pendant à gauche, et du porte-lance qu'il porte de la main droite.

*à gauche.*

Bombardier, à un pas du second servant, faisant face à l'obusier et sur l'alignement des premiers et deuxièmes servans. Il est chargé du doigtier, qu'il porte au second doigt de la main gauche.

Troisième servant, à un pas du bombardier, sur le même alignement, faisant face à l'obusier. Il est chargé d'un sac à munitions qu'il porte pendant à gauche, et d'une bricole courte pardessus, pendante à droite.

Quatrième servant, à un pas du troisième, sur le même alignement, faisant face à l'obusier. Il est chargé d'un sac à munitions qu'il porte pendant à gauche, et d'une bricole longue pendante à droite.

Cinquième servant, à un pas du quatrième, sur le même alignement, faisant face à l'obusier. Il est chargé d'un sac à munitions qu'il porte pendant à gauche, et d'une bricole courte pendante à droite.

*à droite.*

Bombardier, à un pas de distance du second servant, faisant face à l'obusier, et sur l'alignement des premiers et deuxièmes servans.

Troisième servant, à un pas du bombardier, sur le même alignement, faisant face à l'obusier. Il est chargé d'une bricole courte pendante à droite.

Quatrième servant, à un pas du troisième, sur le même alignement, faisant face à l'obusier. Il est chargé d'une bricole longue pendante à droite.

Cinquième servant, à un pas du quatrième sur le même alignement, faisant face à l'obusier. Il est chargé d'une bricole courte pendante à droite.

Onzième servant à gauche et à hauteur du bout du timon.

Les bombardiers et servans se placent dans l'ordre ci-dessus, et se munissent des armemens au commandement : *A vos postes. — Prenez vos armemens.*

On conduit un obusier chargé sur son avant-train par les hommes qui le servent ; on ôte l'avant-train, on met en batterie : les bombardiers et servans se placent à droite et à gauche de l'obusier et de l'avant-train, dans l'ordre détaillé pour le service de la pièce de 8, en observant de substituer les bombardiers à la place des canonniers.

*En action :*

Le second servant de droite décroche le seau, le pose sous la fusée de l'essieu, allume sa lance et se place en demi-à-gauche ; le onzième servant, ainsi que les troisième et quatrième de gauche, se portent a u coffret ou au caisson ; le onzième distribue les munitions aux pourvoyeurs, qui viennent ensuite rapidement se placer derrière et à portée du premier servant de gauche ; le bombardier de droite se porte entre les leviers de pointage, dirige l'obusier, se retire à son poste et fait le commandement : *Chargez.*

Le bombardier de gauche se porte à la culasse, saisit la manivelle de la vis de pointage de la main droite, pour donner les degrés d'élévation, et bouche la lumière de la main gauche; les deux premiers servans se portent à la volée; celui de droite écouvillonne et change ensuite son écouvillon en refouloir; le premier servant de gauche, par un à-droite de corps, reçoit la charge du troisième servant, la place de la main gauche dans la chambre de l'obusier; le premier de droite refoule la charge et se retire; le premier servant de gauche, par un à-gauche de corps, reçoit l'obus du quatrième servant, le place dans l'obusier, ayant attention que la fusée se trouve dans la direction de l'axe de l'obusier, après quoi il se retire. Lorsque l'obusier est chargé et pointé, et que le bombardier de gauche est revenu à son poste, le second servant de gauche se porte à la culasse, dégorge, place l'étoupille, revient à son poste et fait signe au second servant de droite de mettre le feu. Le coup parti, on recharge l'obusier de la même manière, et l'action continue jusqu'au roulement ou au commandement : *A vos postes*, auquel le second servant de droite éteint sa lance, accroche le seau; les bombardiers et servans reprennent leurs premières positions.

Pendant l'action, le cinquième servant de gauche alterne avec les troisième et quatrième, pour porter les munitions au premier servant : ces trois pourvoyeurs doivent avoir attention de remplacer du caisson au coffret les munitions qui auront été tirées de ce dernier pour le service de l'obusier.

*Observation.* On trouvera l'explication plus détaillée sur la position et les fonctions des bombardiers et servans pour l'exécution de la manœuvre de l'obusier, dans le tableau ci-après relatif à cette bouche à feu, N°. II.

Les commandemens : *En parade : En avant : En retraite :* et les mouvemens de l'avant-train s'exécutent comme il est dit au détail relatif à la pièce de 8.

## MANOEUVRES A LA PROLONGE.

La prolonge a 36 pieds de longueur environ, garnie à l'un de ses bouts d'une clef ou billot : elle est réduite à 24 pieds lorsqu'elle est attachée au derrière de l'avant - train, et qu'on a disposé les ganses pour recevoir le billot.

Pour attacher et disposer la prolonge, on mesure 28 pieds à partir du billot; avec le bout qui reste on enveloppe l'armont de gauche ; on le passe dans les anneaux à pitons placés au derrière de la sellette; on enveloppe l'armont de droite ; on le ramène sous le milieu de la grande sassoire et on fait le nœud suivant.

Entre les deux armons on forme deux bou-

cles en faisant croiser les brins de droite et
de gauche sur la partie qui passe dans les
pitons ; on passe la boucle de gauche dans celle
de droite en dessus ; on fait passer le brin de la
boucle de droite en dessus, dans la partie de
la boucle de gauche qu'on vient de passer ;
on serre, et il en résulte une ganse.

A huit pieds du nœud qu'on vient de faire,
on forme une boucle de la main gauche, de
la droite ; on en forme une autre avec laquelle
on coiffe la première ; on passe le billot dans
cette première boucle en dessous, on serre,
et il en résulte une ganse.

La prolonge ainsi disposée sert pour le
passage d'un fossé ou d'un ravin, pour les
feux de retraite et de flanc : dans toute autre
circonstance, elle est repliée autour des
équerres à pates, placées à l'extrémité des
armons.

Pour l'exécution des manœuvres à la prolonge, on commandera :

*Amenez la prolonge pour le passage du
fossé ou du ravin :*

On conduit l'avant-train vers la pièce en obliquant à droite ; on le tourne par la gauche ;
le troisième servant de droite à la pièce de 4,
le cinquième aux pièces de 6 et de 8 et à l'o-
busier ; le sixième à la pièce de 12 développe la prolonge ; le canonnier de droite

passe le billot dans l'anneau d'embrelage ; les canonniers ôtent les leviers de pointage et se disposent à soulever la crosse, si elle vient à s'engager dans le passage ; les seconds servans aux pièces de 6, de 8, de 12 et à l'obusier, ôtent les leviers de support pour embarrer sous la roue, chacun de leur côté, si cela est nécessaire.

*Amenez la prolonge pour le feu de retraite.*

On conduit l'avant-train, on développe la prolonge comme ci-dessus. Le canonnier de droite, après avoir passé le billot dans l'anneau d'embrelage, va le fixer à la ganse qui est sous la sassoire. Pendant ce temps-là le feu continue de pied ferme jusqu'au commandement : *Marche*, auquel les canonniers et servans font à droite et à gauche pour suivre le mouvement de la pièce. Au commandement : *Halte*, le feu recommence.

*Amenez la prolonge pour le feu de flanc :*

L'avant-train conduit et la prolonge développée comme il est dit ci-dessus, le canonnier de droite fixe le billot à la ganse ou anneau qui est à huit pieds de la sassoire ; les canonniers se portent aux leviers de pointage et les servans aux roues, pour placer la pièce en avant du flanc de la colonne. Lorsqu'elle est assez avancée, et que les canonniers et servans ont repris leurs postes, on fait feu jusqu'au commandement : *Marche*, auquel les canonniers et servans font à-droite et à-gauche pour suivre le mouvement de la pièce.

*Observation.* Pendant l'exécution du feu de flanc, la prolonge ne doit point être trop tendue, pour que le canonnier de droite ne soit point gêné en donnant la direction à la pièce.

Si, après l'exécution du feu de retraite, on avait à exécuter le feu de flanc ou le passage du fossé, on commanderait :

*Allongez la prolonge pour, etc.* :

Si, au contraire, après le passage du fossé on doit exécuter le feu de flanc ou de retraite, on commandera :

*Raccourcissez la prolonge pour, etc.* :

Lorsqu'il ne sera plus nécessaire de manœuvrer à la prolonge, on commandera :

*Otez la prolonge :*

Le canonnier de droite dégage le billot, le servant qui a développé la prolonge la replie comme auparavant; on reconduit l'avant-train à sa place.

---

## Ordre de remplacement des hommes tués en bataille.

### PIÈCE DE 4.

Le premier homme tué sera remplacé par le second servant de gauche, que suppléera le canonnier de gauche; le second tué sera remplacé par le canonnier de gauche, que suppléera celui de droite, chargé alors de trois fonctions; le troisième tué sera remplacé par le second servant de droite, que suppléera le premier servant de droite.

## PIÈCES DE 6, DE 8, DE 12 ET OBUSIER.

Les canonniers et servans tués au service de ces bouches à feu seront remplacés sur-le-champ par les hommes employés à l'avant-train. Tous les secours que peuvent fournir les hommes de l'avant-train étant épuisés, on suivra l'ordre établi pour la pièce de 4.

## *Observations sur le tir des pièces de bataille.*

La ligne de mire est la ligne dirigée par les points les plus élevés de la culasse et de la bouche du canon et de l'obusier.

La trajectoire ou ligne de tir est la courbe que décrit le boulet. Cette trajectoire coupe deux fois la ligne de mire; la première en un point peu distant de la bouche de la pièce, l'autre en un point beaucoup plus éloigné; et comme le mobile, en sortant de la pièce, a une direction approchante de l'axe de cette pièce, on regarde cet axe comme la ligne de tir, lorsque l'on parle de la position de la ligne de tir relativement à la ligne de mire, depuis

la bouche de la pièce jusqu'à leur première
intersection.

Le but en blanc est le point où la trajectoire coupe la seconde fois la ligne de mire.

Le but en blanc primitif ou naturel est le
point où la trajectoire coupe pour la seconde
fois la ligne de mire, lorsque la pièce est
pointée de façon que la ligne de mire est
horizontale, et que cette pièce est chargée de
la plus forte quantité de poudre réglée pour
son calibre.

Le but en blanc artificiel est le nouveau
but en blanc qu'on se procure lorsque étant
obligé de tirer sous un grand angle, et ne
pouvant alors diriger la ligne de mire sur
l'objet qu'on veut atteindre, on élève la ligne
de mire à la culasse pour voir cet objet. La
quantité dont on élève la ligne de mire à la
culasse s'appelle *la hausse*, ainsi que l'instrument qui sert à donner cette élévation.

La hausse dans les pièces de bataille est
une verge de bronze divisée en lignes, de
même métal que le canon, adaptée à la culasse où elle est cachée ; on peut la faire sortir
et la fixer à la division qu'on veut, depuis une
ligne jusqu'à dix-huit, par le moyen d'une vis
de pression. (*Aide Mémoire*, pages 940
et 941.)

Le tiers du poids du boulet est la quantité
de poudre qu'on emploie pour la charge des

pièces de bataille, dix-sept onces ou 0 $^m$520 ont été réglées pour le *maximum* de la charge de l'obusier de campagne.

Le but en blanc naturel de la pièce de 12 est à 340 toises ou 665 mètres.

Celui de la pièce de 8, à 300 t. ou 585 mèt.

Celui de la pièce de 6, à 275 t. ou 536 mèt.

Celui de la pièce de 4, à 250 t. ou 487 mèt.

---

# EXERCICE

## DES BOUCHES A FEU DE PLACE ET DE CÔTE.

---

### PIÈCE DE SIÉGE.

Il faut, pour le service d'une pièce de canon du calibre de 24 ou de 16, montée sur affût de siége, huit hommes, savoir :

Dénomination des hommes.
- 2 canonniers.
- 2 premiers servans.
- 2 seconds servans.
- 2 troisièmes servans.

En arrivant à la batterie, les canonniers et servans se placent sur l'alignement pratiqué à vingt pas en arrière parallèlement à l'épaulement, dans l'ordre ci-après, savoir : Les canonniers vis-à-vis les flasques, laissant entre eux la place d'un homme; les troisièmes servans à côté des canonniers; les seconds ser-

vans à côté des troisièmes; les premiers servans à côté des seconds : tous faisant face à
l'épaulement.

L'intervalle que laissent entre eux les canonniers est occupé par le sous-officier,
lorsqu'il y en a un employé au service de la
pièce.

Les armemens et attirails nécessaires sont :

| à gauche. | à droite. |
|---|---|
| 3 leviers de manœuvres. | 3 leviers de manœuvres. |
| 1 masse. | 1 masse. |
| 1 écouvillon. | 1 gargoussier. |
| 1 refouloir. | 1 balai. |
| 1 doigtier ou coussinet. | des bouchons. |
| 1 dégorgeoir. | 1 boute-feu. |
| 1 corne d'amorce. | 1 chapiteau servant à cou- |
| des boulets. | vrir la lumière. |
| 1 boute-feu. | |

*Observation.* **Les mouvemens qui auront
lieu de la part des canonniers et servans
pour l'exécution des commandemens ci-
après se feront avec célérité ; ceux qui exi-
geront un déplacement se feront toujours au
pas accéléré.**

COMMANDEMENS.

*Canonniers et servans à vos postes—Marche:*

Les deux premiers servans marchent droit
chacun devant soi ; les seconds et troisièmes
servans et les canonniers se mettent en file
derrière eux à un pas de distance les uns
des autres, se portent à droite et à gauche de

la pièce, et s'arrêtent sans commandement lorsque les premiers servans sont à un pas du heurtoir.

*Front :*

Les canonniers et servans font face à la pièce.

*Approvisionnez la batterie :*

Le canonnier de droite ôte le chapiteau de dessus la lumière et le pose contre l'épaulement ; le canonnier de gauche se munit de la corne d'amorce, du dégorgeoir et du doigtier ; les servans rangent les leviers sur la plateforme, le gros bout tourné vers la crosse ; les autres attirails et armemens doivent être disposés comme ci-après, savoir :

L'écouvillon et le refouloir sur les chevalets.

Les boulets et les bouchons près de l'épaulement.

Les masses appuyées contre l'épaulement à l'extrémité du heurtoir.

Le balai contre l'épaulement.

Les boute-feux placés dans les sabots à dix pas en arrière de la plate-forme.

Les gargoussiers en dehors et près de l'alignement pratiqué à vingt pas en arrière et dans le prolongement de la file de droite.

Le canonnier de gauche porte la corne d'amorce pendante de gauche à droite, le doigtier au second doigt de la main droite, et tient le dégorgeoir de la droite.

Tout étant ainsi disposé, on fera les commandemens suivans :

*Aux leviers :*

Les servans se baissent vivement, se saisissent chacun de leur levier; ceux de droite de la main droite, ceux de gauche de la main gauche, et se relèvent ensemble et sans bruit,

*Embarrez :*

Tournant le dos à l'épaulement, les premiers servans embarrent sous les roues, les seconds servans dans les raies, ayant attention que leurs leviers soient appuyés contre la jante, les troisièmes aux flasques près de la crosse, les canonniers se portent au secours des seconds servans en dehors,

*Hors de batterie :*

Les canonniers et servans agissent ensemble et font reculer la pièce autant qu'il est nécessaire pour pouvoir la charger.

Dans ce mouvement, les troisièmes servans doivent avoir attention de maintenir la crosse dans le milieu de la plate-forme, pour que la pièce, en sortant de l'embrasure, ne dégrade point les joues.

*Au bouton — A la masse :*

Les premiers servans calent les roues avec

les masses et reprennent la position qu'ils occupaient avant le recul de la pièce; les seconds servans embarrent sous le premier renfort; les troisièmes servans ne bougent; le canonnier de gauche se retire à son poste; le canonnier de droite entre dans les flasques, dispose la pièce de manière qu'on puisse la charger aisément; il indique à cet effet de la main aux seconds et troisièmes servans les mouvemens qu'ils doivent exécuter : après quoi il fait un signal des deux mains auquel les servans reprennent, ainsi que lui, la position du commandement aux leviers.

*Posez — Vos leviers :*

Les servans se baissent vivement, posent leurs leviers sur la plate-forme, sans bruit, et se relèvent ensemble.

*A l'écouvillon — Bouchez la lumière — A la poudre :*

Le canonnier de gauche bouche la lumière de la main droite, ayant attention de s'éloigner le plus possible de la direction de l'embrasure; le premier servant de gauche se saisit de l'écouvillon, le porte dans l'embrasure, l'enfonce dans l'ame de la pièce à l'aide du premier servant de droite; le troisième servant de droite se porte à l'extrémité de la plate-forme, et au signal fait par le servant de la pièce de gauche, qui, comme lui, doit aller chercher la poudre, et se porte au gargoussier, le saisit de la main droite, et fait face à l'épaulement.

### *Ecouvillonnez :*

Les premiers servans écouvillonnent en tournant l'écouvillon plusieurs fois dans l'ame de la pièce, le retirent, et le posent dans l'embrasure ; le troisième servant de droite se porte à la batterie, remet la gargousse au premier servant de droite, retourne à son poste, et place le gargoussier derrière lui.

### *L'écouvillon à sa place — Au refouloir :*

Le premier servant de gauche remet l'écouvillon à sa place, prend le refouloir et le porte dans l'embrasure.

### *La poudre dans le canon :*

Le premier servant de droite place la gargousse dans le canon et le bouchon pardessus, saisit le refouloir pour aider le premier servant de gauche à enfoncer la charge.

### *Refoulez :*

Les premiers servans refoulent quatre coups bien égaux, retirent le refouloir et le posent dans l'embrasure ; les seconds se saisissent, celui de gauche d'un boulet, celui de droite d'un bouchon.

*Le boulet dans le canon :*

Les premiers servans reçoivent le boulet et le bouchon, les placent dans la pièce, se saisissent du refouloir, l'enfoncent dans l'ame de la pièce, et se disposent à exécuter le commandement suivant :

*Refoulez :*

Les premiers servans refoulent deux coups bien égaux, retirent le refouloir, le posent dans l'embrasure ; les seconds servans rentrent à leurs postes.

*Le refouloir—A sa place :*

Le canonnier de gauche reprend son poste ; le premier servant de gauche reporte le refouloir sur les chevalets ; le premier de droite se saisit du balai, balaie la platte-forme, et tous deux reprennent leurs postes.

*Aux — Leviers :*

Les servans exécutent ce commandement, comme il a été dit ci-dessus ; les deux premiers décalent les roues et remettent les masses à leurs places.

*Embarrez :*

Faisant face à l'épaulement, les premiers servans embarrent dans les raies et appuient leurs leviers contre la jante ; les seconds servans derrière les roues, les troisièmes aux flasques ;

flasques; le canonnier de droite se porte en arrière de la crosse et vis-à-vis de l'embrasure.

### *En batterie* :

Les servans agissent ensemble pour mettre la pièce en batterie ; le canonnier de droite veille à ce que la volée soit conduite dans le milieu de l'embrasure.

### *Pointez* :

Les premiers servans débarrent et reprennent la position du commandement : *Aux — Leviers*. Les seconds et troisièmes servans tournent au tour de leurs leviers ; les seconds embarrent sous le premier renfort ; le canonnier de droite entre dans les flasques, et ayant la jambe gauche en avant, pointe la pièce, après quoi il fait un signal des deux mains, auquel les servans reprennent, ainsi que lui, leur première position.

### *Posez vos leviers* :

Les servans exécutent ce commandement, comme il a été dit ci-dessus.

### *Dégorgez — Amorcez :*

Le canonnier de gauche se porte à la culasse, dégorge de la main gauche, amorce de la droite, en remplissant la lumière de poudre ; il forme ensuite une traînée jusqu'au-de là du champ de lumière, et écrase la pou-

dre avec la corne d'amorce à son extrémité;
le troisième servant de droite se saisit du
gargoussier de la main droite.

*Au boute-feu — A la masse :*

Les premiers servans font face à l'épaulement, les canonniers se portent à l'extrémité de la plate-forme faisant face en dehors ; les troisièmes et seconds servans se
mettent en file derrière eux à un pas de distance les uns des autres.

*Marche :*

Les canonniers, les seconds et troisièmes servans sortent de la batterie ; le second servant de
droite s'arrête au boute-feu, le saisit de la
main droite et l'appuie dans la saignée du
bras gauche ; les autres continuent de marcher. Lorsque les deux canonniers sont arrivés
sur l'alignement pratiqué derrière celui des
boute-feux, ils font à-droite et à-gauche pour
marcher l'un contre l'autre, à la distance de
deux pas ; les servans se placent de même
que les canonniers à mesure qu'ils arrivent
sur l'alignement.

*Front :*

Les canonniers, les seconds et troisièmes
servans font face à l'épaulement ; le troisième servant de droite porte le gargoussier
à sa place et rentre aussitôt dans sa file.

*Boute-feu — Marche :*

Le second servant de gauche se porte à droite ou à gauche de la pièce, selon le côté d'où vient le vent ; à droite il tourne le dos à l'épaulement, et à gauche il y fait face ; le canonnier de droite se porte à droite ou à gauche de la batterie pour observer son coup.

*Haut le bras :*

Le second servant de gauche frappe de son boute-feu sur le bras gauche, le porte le bras tendu et les ongles en dessus, à hauteur de l'extrémité de la traînée de poudre ; les premiers servans se saisissent des masses.

*Feu :*

Le second servant de gauche touche de son boute-feu l'extrémité de la traînée de poudre et le retire promptement dès que le feu prend, le reporte aussitôt à sa place et rentre dans sa file. Les premiers servans calent les roues, et restent à leurs postes en faisant face à l'épaulement.

La salve finie, on fait un roulement qui sert de signal aux canonniers pointeurs de rentrer sur l'alignement ; ensuite on commandera :

*Canonniers et servans à vos postes — Marche :*

Les deux seconds servans marchent droit

5

devant eux; les troisièmes servans et les canonniers se mettent en file derrière eux. En
arrivant en batterie, chaque file s'arrête sans
commandement, et fait face à la pièce à celui
de: *Front.*

On trouvera ci-après, à la suite du détail
relatif au service de la pièce de place, les
commandemens de ce que les canonniers et
servans auront à exécuter après l'exercice, et
avant de quitter la batterie.

## PIÈCE DE PLACE.

Il faut, pour le service d'une pièce de canon montée sur affût de place, cinq hommes,
savoir :

Dénomination des hommes.
{ 1 canonnier.
2 premiers servans.
2 seconds servans.

En arrivant à la batterie, le canonnier et
les servans se placent sur l'alignement pratiqué en arrière des boute-feux, faisant face
à l'épaulement dans l'ordre ci-après, savoir:
le canonnier vis-à-vis le flasque de gauche ;
à ses côtés les seconds servans; les premiers
servans à côté des seconds. Le second servant
de droite laisse entre lui et le canonnier la
place d'un homme, qui est occupée par le
sous-officier, lorsqu'il y en a un d'employé
au service de la pièce.

Les armemens et attirails nécessaires sont :

| *à gauche.* | *à droite.* |
|---|---|
| 2 leviers de manœuvre. | 2 leviers de manœuvre. |
| 1 coin d'arêt. | 1 coin de manœuvre. |
| 1 écouvillon. | 1 gargousier. |
| 1 refouloir. | 1 balai. |
| 1 doigtier. | des bouchons. |
| 1 dégorgeoir. | 1 boute-feu. |
| 1 corne d'amorce. | 1 chapiteau servant à cou- |
| des boulets. | vrir la lumière. |
| 1 boute-feu. | |

## COMMANDEMENS.

*Canonniers et servans, à vos postes —
Marche :*

Les deux premiers servans marchent droit devant eux ; les seconds se mettent en file derrière eux ; le canonnier derrière le second servant de gauche ; tous, à un pas de distance les uns des autres, se portent à droite et à gauche de la pièce et s'arrêtent sans commandement, lorsque les premiers servans sont arrivés à un pas de l'épaulement.

*Front :*

Le canonnier et les servans font face à la pièce.

*Approvisionnez la batterie :*

Le second servant de droite ôte le chapiteau, le place contre l'épaulement ; le canonnier se munit de la corne d'amorce, du dégorgeoir et du doigtier ; les quatre servans

3

disposent les leviers sur la plate-forme, le gros bout du côté de la culasse, ceux des premiers servans en dedans ; les autres attirails et armemens sont disposés comme il suit, savoir :

L'écouvillon et le refouloir sur les chevalets ;

Les boulets et les bouchons près de l'épaulement ;

Les coins d'arrêt appuyés contre l'épaulement ;

Le balai contre l'épaulement ;

Les boute-feux dans des sabots en arrière de la plate-forme ;

Le gargoussier en dehors et près de l'alignement pratiqué en arrière des boute-feux et dans le prolongement de la ligne de la file de droite.

Tout étant ainsi disposé, on commandera :

### *Aux — Leviers.*

Les quatre servans se baissent vivement, se saisissent chacun d'un levier ; ceux de droite, de la main gauche ; ceux de gauche, de la main droite, et se relèvent ensemble.

### *Embarrez :*

Tournant le dos à l'épaulement, les premiers servans embarrent sous le devant des roues, les seconds servans dans les rais, leurs leviers appuyés contre la jante.

*Hors — De batterie :*

Les servans agissent ensemble et reculent la pièce autant qu'il est nécessaire pour pouvoir la charger aisément.

*Au bouton — A la masse :*

Les premiers servans calent les roues avec les coins d'arrêt et reprennent la position qu'ils avaient avant le recul de la pièce. Les seconds servans embarrent sous le premier renfort ; le canonnier se porte à la culasse en montant sur l'auget, et dispose la volée de manière qu'on puisse charger la pièce.

Les seconds servans, au signal du canonnier, appuient sur leurs leviers pour enlever la culasse et faciliter le mouvement de la vis de pointage ; le canonnier fait ensuite un signal des deux mains, auquel les seconds servans débarrent et reprennent, ainsi que lui, la position qu'ils avaient au commandement : *Aux — Leviers.*

*Posez — Vos leviers :*

Les quatre servans se baissent vivement, posent leurs leviers sur la plate-forme sans bruit et se relèvent ensemble.

*A l'écouvillon : Bouchez la lumière — A la poudre.*

Le canonnier monte sur l'auget et bouche la lumière de la main droite ; le premier servant de gauche va chercher l'écouvillon, l'apporte sur l'épaulement, l'enfonce dans la pièce à l'aide du premier servant de droite, monté à cet effet ainsi que lui sur le devant du châssis ; le second servant de droite se porte à l'extrémité de la plate-forme faisant face en dehors, ayant la tête à droite ; et au signal du servant de la pièce de gauche, qui doit aller comme lui chercher la poudre, il se porte au gargoussier, le saisit de la main droite et fait face à l'épaulement.

### *Ecouvillonnez :*

Les premiers servans écouvillonnent en tournant l'écouvillon plusieurs fois au fond de l'ame, le retirent et le posent sur l'épaulement ; le second servant de droite se porte à la batterie, remet la gargousse au premier servant de droite, retourne à son poste et place le gargoussier derrière lui.

### *L'écouvillon à sa place — Au refouloir :*

Le premier servant de gauche reporte l'écouvillon sur les chevalets, se saisit du refouloir et le porte sur l'épaulement.

### *La poudre — Dans le canon :*

Le premier servant de droite place la gargousse dans le canon et un bouchon pardessus, et se saisit du refouloir pour aider le premier servant de gauche à enfoncer la charge.

*Refoulez :*

Les premiers servans refoulent quatre coups bien égaux, retirent le refouloir et le posent sur l'épaulement ; les seconds servans se saisissent, celui de gauche d'un boulet, celui de droite d'un bouchon.

*Le boulet — Dans le canon :*

Les premiers servans reçoivent le boulet et le bouchon, les placent, se saisissent du refouloir et l'enfoncent dans la pièce.

*Refoulez :*

Les premiers servans refoulent deux coups bien égaux, retirent le refouloir et le posent sur l'épaulement ; les seconds servans reprennent leur poste.

*Le refouloir — A sa place :*

Le canonnier se retire à son poste ; le premier servant de gauche reporte le refouloir sur les chevalets ; celui de droite se saisit du balai, balaye la plate-forme et le châssis, et tous deux reprennent leurs postes.

*Aux — Leviers :*

Comme il a été dit ci-dessus, les premiers servans ôtent les coins d'arrêt de dessous les roues et les posent contre l'épaulement.

*Nota.* Il arrive quelquefois qu'après avoir décalé les roues, la pièce retourne d'elle-même en batterie. Dans ce cas, les seconds servans doivent appuyer de la main sur les rais pour empêcher ce mouvement.

### *Embarrez :*

Faisant face à l'épaulement, les premiers servans embarrent dans les rais; les seconds servans derrière les roues.

### *En batterie :*

Les quatre servans agissent ensemble pour mettre la pièce en batterie.

### *Pointez :*

Les quatre servans tournent autour de leurs leviers, les premiers servans embarrent sous le premier renfort et les seconds sous l'auget, appuyant leurs leviers sur un plateau placé à cet effet en arrière du châssis.

Le canonnier monte sur l'auget, pointe la pièce, fait ensuite un signal des deux mains, auquel les servans débarrent et reprennent ainsi que lui la position du commandement : *Aux leviers.*

### *Posez — Vos leviers :*

Comme il a été prescrit-ci-dessus.

### *Dégorgez — Amorcez :*

Le canonnier monte sur l'auget, dégorge de la main gauche, amorce de la droite; après avoir rempli la lumière de poudre, il forme une traînée jusqu'au-delà du champ de lumière, à l'extrémité de laquelle il écrase la poudre avec la corne d'amorce; le second servant de droite se saisit du gargoussier,

*Au boute-feu — A la masse.*

Les premiers servans font face à l'épaulement; les deux autres et le canonnier font face en dehors, et se portent à l'extrémité de la plate-forme; le second servant de gauche en file derrière le canonnier.

*Marche :*

Le canonnier et les seconds servans sortent ensemble de la batterie; le second servant de gauche s'arrête au boute-feu, le saisit de la main droite et l'appuie dans la saignée du bras gauche; les autres continuent de marcher. Lorsque le canonnier et le second servant de droite sont parvenus sur l'alignement pratiqué, ils font à-droite et à-gauche pour marcher l'un contre l'autre; ils s'arrêtent sans commandement, laissant deux pas d'intervalle entre eux.

*Front :*

Le canonnier et les servans font face à l'épaulement; le second servant de droite porte le gargoussier à sa place, et rentre aussitôt sur l'alignement.

*Boute-feu — Marche :*

Le second servant de gauche se porte à

6

droite ou à gauche de la pièce, selon le côté d'où vient le vent : à droite, il tourne le dos à l'épaulement, à gauche, il y fait face ; le canonnier se porte à droite ou à gauche de la batterie pour observer son coup.

*Haut le bras :*

Le second servant de gauche frappe de son boute-feu sur le bras gauche, le porte, le bras tendu et les ongles en dessus à hauteur de l'extrémité de la trainée de poudre, les premiers servans se saisissent des masses.

*Feu :*

Le second servant de gauche touche de son boute-feu l'extrémité de la trainée de poudre et le retire promptement dès que le feu prend, le reporte aussitôt à sa place et rentre dans sa file ; les premiers servans calent les roues, et restent à leurs postes en faisant face à l'épaulement.

La salve finie, on fait un roulement qui sert de signal aux canonniers pour se porter sur l'alignement ; ensuite on commandera :

*Canonniers et servans, à vos postes —*
*Marche :*

Les seconds servans marchent droit devant eux, le canonnier se met en file derrière celui de gauche. En arrivant à la batterie, tous s'arrêtent sans commandement et font face à la pièce, à celui de : *Front.*

L'exercice fini , on fera les commandemens suivans :

*Aux — Leviers :*

*Pour mettre en batterie — Embarrez :*
*En batterie :*

Ces trois commandemens s'exécuteront à
la pièce de siége et à celle de place, comme
il été détaillé ci-dessus.

*La pièce hors d'eau :*

Le commandement s'exécute par les servans comme celui de : *Pointez.* Le canonnier
baisse la volée, afin que l'eau ne puisse pas y
séjourner.

*Dressez les leviers — Placez le chapiteau :*

Le canonnier de droite à la pièce de siége,
le second servant de droite à la pièce de place,
pose le chapiteau sur la lumière ; les servans
placent les leviers debout contre les moyeux
entre les flasques et les roues, et le premier
servant de droite balaie la plate-forme.

*Par le flanc droit et par le flanc gauche. —*
*A-droite — A-gauche :*

Les canonniers et servans se portent à
l'extrémité de la plate-forme en file, à un
pas de distance les uns des autres et faisant
face en dehors.

*Marche :*

Les canonniers et servans sortent ensemble

de la batterie, et s'arrêteront au commandement de : *Halte* ; ensuite on commandera par le flanc droit ou par le flanc gauche, selon le côté par lequel le détachement doit sortir du polygone. Lorsque le commandement aura été exécuté, on fera celui de : *Serrez en masse — Marche*, auquel la première file ne bouge, et toutes les autres serrent sur elles à un pas de distance.

Pour sortir du polygone, on fera le commandement : *En avant pas accéléré — Marche* : auquel le détachement se met en mouvement, en suivant la direction qui lui est indiquée par son commandant.

## PIÈCE DE CÔTE.

Il faut pour le service d'une pièce de canon montée sur affût de côte, cinq hommes, savoir :

Dénomination des hommes.
{
1 canonnier.
2 premiers servans.
2 seconds servans.
}

En arrivant à la batterie, les canonniers et servans se placent à droite et à gauche de la pièce ; les premiers servans à deux pas de l'épaulement ; les seconds à un pas des premiers, le canonnier à un pas du second servant de gauche, faisant face à la pièce.

Les armemens et attirails nécessaires sont :

| à gauche. | à droite. |
|---|---|
| 1 levier de manœuvre. | 1 levier de manœuvre. |
| 1 coin de recul. | 1 coin de recul. |
| 1 écouvillon. | 1 gargoussier. |
| 1 refouloir. | 1 balai. |
| 1 doigtier ou coussinet. | des bouchons. |
| 1 dégorgeoir. | 1 boute-feu. |
| 1 corne d'amorce. | 1 chapiteau servant à cou- |
| des boulets. | vrir la lumière. |
| 1 boute-feu. | |

Un levier directeur placé au derrière du grand châssis.

Les leviers de manœuvre sont appuyés debout contre l'épaulement, à portée des premiers servans.

Les coins de recul sont placés sur le devant du grand châssis.

L'écouvillon et le refouloir sur les chevalets.

Les boulets et les bouchons près de l'épaulement.

Le balai près de l'épaulement.

Les boute-feux dans des sabots placés à hauteur de derrière du grand châssis, et à un pas en arrière de l'alignement des servans.

Le gargoussier derrière le second servant de droite.

Le chapiteau qui couvrait la lumière est ôté par le second servant de droite, et placé contre l'épaulement.

Le canonnier se munit de la corne d'amorce, du dégorgeoir et du doigtier.

Tout étant disposé et les hommes placés, on commandera :

### *Aux — Leviers :*

Les premiers servans se saisissent chacun d'un levier.

### *Embarrez :*

Les premiers servans embarrent dans les mortaises du grand treuil ; les seconds servans se portent à leur secours.

### *Hors de batterie :*

Les quatre servans abattent ensemble les petits bouts des leviers jusqu'à un pied de terre ; les servans de gauche maintiennent la pièce, tandis que le premier servant de droite débarre et embarre dans l'autre mortaise ; le premier servant de gauche débarre et embarre de son côté ; les servans abattent leurs leviers, et répètent le même mouvement jusqu'à ce que la pièce soit assez reculée, alors les premiers servans se saisissent chacun de leur côté du coin de recul et le placent sous le grand treuil pour le caler ; les seconds servans appuient sur les leviers pour maintenir la pièce ; lorsqu'elle est calée, les servans débarrent, et tous reprennent leurs postes.

*Au bouton — A la masse :*

Les premiers servans passent leurs leviers aux seconds qui embarrent sous le premier renfort ; le canonnier monte sur le derrière du grand châssis, et dispose la pièce pour qu'on puisse la charger aisément ; les seconds servans élèvent la culasse pour faciliter le mouvement de la vis de pointage, le canonnier fait ensuite un signal des deux mains, auquel les seconds servans débarrent, reprennent leurs postes et remettent les leviers aux premiers servans.

*Posez— Vos leviers :*

Les premiers servans posent les leviers debout contre l'épaulement.

*A l'écouvillon : Bouchez la lumière — A la poudre :*

Le canonnier monte sur le derrière du châssis, bouche la lumière de la main droite ; le premier servant de gauche va chercher l'écouvillon, l'apporte sur l'épaulement, et à l'aide du premier servant de droite, il l'enfonce dans la pièce ; le second servant de droite, tenant le gargoussier de la main droite, se porte à l'extrêmité de la plate-forme, et au signal du servant de la pièce de gauche qui doit aller comme lui chercher la poudre, il va au magasin chercher la gar-

gousse, et vient ensuite se placer sur l'alignement pratiqué en arrière des boute-feux,
faisant face à la batterie.

*Écouvillonnez :*

Les premiers servans écouvillonnent en tournant l'écouvillon plusieurs fois dans la pièce,
puis le retirent et le posent sur l'épaulement ;
le second servant de droite se porte à la batterie, remet la gargousse au premier servant
de droite, et reste placé derrière lui ; le second servant de gauche se porte à l'épaulement.

*L'écouvillon à sa place — Au refouloir :*

Le second servant de gauche reçoit l'écouvillon des mains du premier servant, le reporte
à sa place, prend le refouloir et le donne au
premier servant qui le pose sur l'épaulement ;
le second servant de droite se saisit d'un
bouchon.

*La poudre — Dans le canon :*

Le premier servant de droite met la poudre
dans le canon et un bouchon par-dessus qu'il
reçoit du second servant, saisit le refouloir
pour aider le premier servant de gauche à
enfoncer la charge.

*Refoulez :*

Les premiers servans refoulent quatre coups
bien égaux, retirent le refouloir et le posent

sur l'épaulement ; le second servant de gauche se saisit du boulet ; le second de droite, d'un bouchon.

### *Le boulet — Dans le canon :*

Les premiers servans reçoivent, celui de gauche le boulet, celui de droite le bouchon, les placent, se saisissent du refouloir et l'enfoncent dans la pièce.

### *Refoulez :*

Les premiers servans refoulent deux coups bien égaux, retirent le refouloir et le posent sur l'épaulement ; les seconds servans reprennent leur poste ; celui de droite après avoir remis le gargoussier à sa place.

### *Le refouloir — A sa place :*

Le canonnier descend de dessus le châssis et reprend son poste ; le premier servant de gauche reporte le refouloir sur les chevalets et reprend le sien ; le premier servant de droite se saisit du balai, balaie la plate-forme et reprend également son poste.

### *Aux — Leviers :*

Ce commandement est exécuté par les premiers servans comme il est dit ci-dessus, ils ôtent en même temps les coins de recul qui calent le grand treuil.

### *Embarrez :*

Les premiers servans embarrent dans la

mortaise basse du grand treuil du côté de la culasse.

### En batterie.

Les premiers servans font effort à leurs leviers pour donner le mouvement à la pièce : dès que leurs leviers se trouvent verticaux, ils débarrent, embarrent de nouveau, et continuent cette manœuvre jusqu'à ce que la pièce soit en batterie, alors ils reprennent leurs postes en conservant leurs leviers.

### Pointez :

Le premier servant de droite embarre sous le premier renfort ; celui de gauche pose son levier contre l'épaulement, se saisit du boute-feu, se place de suite à droite ou à gauche, selon le côté d'où vient le vent ; les seconds servans se portent à l'extrêmité du levier directeur ; le canonnier monte sur le derrière du grand châssis, dégorge de la main droite, amorce de la gauche, et pointe la pièce ; il saute légèrement à bas du châssis et commande : *Feu :* le premier servant de droite débarre, reporte son levier contre l'épaulement, se saisit du coin de recul, et se place à portée de caler le grand treuil ; le premier servant de gauche met le feu, replace son bouté-feu dans le sabot, et chacun reprend son poste.

Après l'exercice, on fera mettre la pièce

hors d'eau, placer le chapiteau sur la lumière et sortir le détachement de la batterie comme il a été dit ci-dessus dans le détail relatif aux pièces de siége et de place.

## OBUSIER DE SIÉGE.

Il faut pour le service d'un obusier de huit pouces, cinq hommes, savoir :

Dénomination des hommes.
{ 1 bombardier.
2 premiers servans.
2 seconds servans.

En arrivant à la batterie, le bombardier et les servans se placent sur l'alignement pratiqué en arrière de celui des boute-feux, dans l'ordre ci-après : le bombardier vis-à-vis le flasque de gauche; à sa gauche, le second et le premier servant de gauche; à sa droite, le second et le premier servant de droite : tous faisant face à la batterie.

Le bombardier et le second servant de droite laissent entre eux un intervalle d'un grand pas, lequel est occupé par le sous-officier lorsqu'il y en a d'employé à l'obusier.

Les armemens et attirails nécessaires sont :

| à gauche. | à droite. |
|---|---|
| 2 leviers de manœuvre. | 2 leviers de manœuvre. |
| 1 écouvillon avec refouloir. | 1 panier contenant : |
|  | 1 curette. |
| 1 doigtier ou coussinet. | 1 sac à terre, |
| 1 dégorgeoir. | des éclisses, |
| 1 sac à étoupilles. | 1 spatule. |

*à gauche.*
1 quart de cercle.
1 boute-feu.

*à droite.*
1 boute-feu.
1 chapiteau.
1 tampon.
1 gargoussier.
1 balai.

Des obus placés en arrière et à la distance de 25 à 3o pas de l'épaulement.

### COMMANDEMENS.

*Bombardier et servans, à vos postes —*
*Marche :*

Les premiers servans marchent droit devant eux; les seconds servans se mettent en file derrière et à un pas de distance ; le bombardier suit la file de gauche et à un pas du second servant ; les deux files se portent à droite et à gauche de l'obusier, et s'arrêtent lorsque les premiers servans sont arrivés à deux pas de l'épaulement.

*Front :*

Le bombardier et les servans font face à l'obusier.

*Approvisionnez la batterie :*

Le premier servant de droite ôte le tampon ; le second servant du même côté ôte le cha-piteau et les pose contre l'épaulement; les quatre servans disposent les leviers sur la plate-forme , ceux des premiers servans en dedans, les gros bouts tournés vers la crosse;

le premier servant de droite se munit de manchettes; les autres attirails et armemens sont placés et distribués ainsi qu'il suit :

L'écouvillon sur les chevalets.

Le panier derrière le premier servant de droite.

Le quart de cercle contre l'épaulement, à portée du premier servant de gauche.

Le balai contre l'épaulement.

Les boute-feux dans des sabots à dix pas en arrière.

Le gargoussier en dehors et près de l'alignement pratiqué derrière celui des boute-feux.

Le bombardier se munit du doigtier ou coussinet, du dégorgeoir et du sac à étoupilles qu'il porte en ceinture.

Tout étant ainsi disposé, on fera le commandement suivant :

### Aux — Leviers :

Les quatre servans se baissent vivement, se saisissent chacun d'un levier et se relèvent ensemble.

### Embarrez :

Tournant le dos à l'épaulement, les premiers servans embarrent dans les raies, en appuyant leurs leviers contre la jante ; les seconds embarrent aux flasques,

*Hors — De batterie :*

Les servans agissent ensemble et reculent l'obusier autant qu'il est nécessaire pour pouvoir le charger avec aisance.

*Au bouton — A la masse :*

Les premiers servans reprennent la position qu'ils occupaient avant le recul de l'obusier ; les seconds servans embarrent sous la culasse ; le bombardier entre dans les flasques et dispose l'obusier à être chargé, les seconds servans élevant la culasse pour faciliter le mouvement de la vis de pointage : au signal que fait le bombardier des deux mains, les seconds servans ainsi que lui reprennent la position qu'ils occupaient au commandement : *Aux Leviers.*

*Posez — Vos leviers :*

Les quatre servans se baissent vivement, posent leurs leviers sans bruit, et se relèvent ensemble.

*Nettoyez — L'obusier :*

Le bombardier se porte à la culasse et bouche la lumière de la main droite ; le premier servant de gauche prend l'écouvillon et le pose dans l'embrasure ; le premier servant de droite prend la curette et le sac à terre, nettoye l'obusier, et les remet dans le panier après qu'il s'en est servi, il se saisit de l'écouvillon ,

villon, l'introduit dans la chambre, le retire, le change en refouloir et le pose dans l'embrasure.

*A la poudre — A l'obus :*

Les seconds servans se portent à l'extrémité de la plate-forme, et de suite marchent alignés entr'eux ; ils vont chercher, celui de droite la poudre, celui de gauche l'obus, se placent ensuite sur l'alignement pratiqué derrière les boute-feux, dans le prolongement de leurs files respectives.

*La poudre — Dans l'obusier :*

Les seconds servans se portent à la batterie, remettent la poudre et l'obus aux premiers servans et se retirent à leur poste, celui de droite après avoir placé le gargoussier derrière lui ; le premier servant de droite place la charge dans la chambre de l'obusier, se saisit du refouloir, refoule légèrement et retire le refouloir, le donne au second servant de gauche, qui le remet à sa place.

*L'obus — Dans l'obusier :*

Le premier servant de gauche donne l'obus au premier de droite et se retire à son poste ; celui-ci introduit l'obus dans l'obusier et l'assujétit avec quatre éclisses qui lui sont remises ainsi que la spatule par le second servant de droite ; il le dispose de manière que la fusée se trouve dans la direction de l'axe de l'obusier ; cela fait, le bombardier reprend son poste ; le premier servant reprend le sien, après avoir remis la spatule dans le panier et balayé la plate-forme.

### Aux — Leviers :

Comme ci-dessus.

### Embarrez :

Faisant face à l'épaulement, les premiers servans embarrent dans les rais, les seconds aux flasques ; le bombardier se porte derrière la crosse d'affût.

### En batterie :

Les quatre servans agissent ensemble ; le bombardier veille à ce que la volée de l'obusier soit conduite dans le milieu de l'embrasure.

### Donnez les degrés — Pointez :

Le premier servant de gauche débarre et pose son levier sur la plate-forme ; les trois autres servans tournent autour de leurs leviers ; le premier servant de droite embarre sous le bouton de culasse ; le bombardier entre dans les flasques et dirige l'obusier ; il lui donne ensuite les degrés d'élévation avec la vis de pointage, et à l'aide du premier servant de gauche qui se munit du quart de cercle et le place à cet effet entre les deux anses, le premier servant de droite soulevant la culasse pour faciliter le mouvement de la vis de pointage. L'obusier pointé, le bombardier fait un signal des deux mains, auquel le premier servant de gauche reporte le quart de cercle à sa place ; les trois autres servans débarrent, et tous reprennent leur poste.

Au lieu du quart de cercle, on peut se servir, pour donner les degrés d'élévation, d'une petite hausse en cuivre ou en bois, de quinze lignes de hauteur, graduée et ayant un cran de visière. Cet instrument est simple et doit être préféré.

*Posez — Vos leviers :*

Comme il a été expliqué ci-dessus ; le bombardier saisit son dégorgeoir de la main droite et une étoupille de la main gauche.

*Dégorgez — Amorcez :*

Le bombardier se porte à la culasse, dégorge, place l'étoupille et se retire à son poste ; le second servant de droite se saisit du gargoussier.

*Au boute-feu :*

Le bombardier et les servans, tournant le dos à l'épaulement, se portent à l'extrémité de la plate-forme, en file et à un pas de distance les uns des autres.

*Marche :*

Le bombardier et les servans sortent ensemble de la batterie; le premier servant de gauche s'arrête au boute-feu, le saisit de la main droite et l'appuie dans la saignée du bras gauche; les autres continuent de marcher. Lorsque le bombardier et le second servant de droite sont arrivés sur l'alignement pratiqué en arrière de celui des boute-feux; ils font à-droite et à-gauche, pour marcher l'un contre l'autre à la distance indiquée ci-dessus.

### *Front :*

Le bombardier et les servans font face à l'épaulement, le second servant de droite remet le gargoussier à sa place.

### *Boute-feu — Marche :*

Le premier servant de gauche se porte, selon le côté d'où vient le vent, à la droite ou à la gauche de l'obusier; à droite, il tourne le dos à l'épaulement; à gauche, il y fait face; le bombardier se porte à la droite ou à la gauche de la batterie pour observer son coup.

### *Haut le bras :*

Le premier servant de gauche frappe du boute-feu sur le bras gauche, le porte le bras tendu, les ongles en-dessus, à quatre doigts au-dessus de la mèche de l'étoupille.

### *Feu :*

Le premier servant de gauche touche de son

boute-feu la mèche de l'étoupille, et le retire promptement dès que le feu prend, le reporte aussitôt à sa place et rentre dans sa file.

*Observation.* La plate-forme de l'obusier de siége étant horizontale, il est inutile de caler les roues après le recul de l'obusier.

Après l'exercice, on se conformera, pour ranger les leviers, placer le tampon et le chapiteau, et pour sortir de la batterie, à ce qui est prescrit dans le détail relatif à la pièce de siége et à celle de place.

---

## SERVICE DES MORTIERS.

### MORTIERS DE 12 ET DE 10 POUCES.

Il faut pour le service d'un mortier du calibre de 12 ou de 10 pouces, cinq hommes, savoir :

Dénomination des hommes.
{
1 bombardier.
2 premiers servans.
2 seconds servans.

En arrivant à la batterie, le bombardier et les servans se placent sur l'alignement pratiqué en arrière de celui des boute-feux, dans l'ordre ci-après : le bombardier vis-à-vis du mortier, les seconds servans à sa droite et à sa gauche, les premiers servans à côté des seconds ; tous faisant face à l'épaulement.

Les armemens et attirails nécessaires, sont :

4 leviers de manœuvre.

1 écouvillon avec refouloir.

1 sac à étoupilles.

1 dégorgeoir.

1 paire de manchettes.

1 coin de mire.

1 quart de cercle.

1 double crochet de fer.

1 balai.

2 fiches.

2 boute-feux.

1 curette.

1 sac à terre.

1 fil à plomb.

1 spatule.

1 maillet.

1 chasse-fusée.

des éclisses.

Des bombes placées en arrière de la batterie au-delà de l'alignement des boute-feux.

Le bombardier et les servans étant disposés comme il est prescrit ci-dessus, on commandera :

*Bombardiers et servans, à vos postes —*
*Marche :*

Les premiers servans marchent droit devant eux, les seconds se mettent en file derrière eux, et le bombardier derrière le second servant de gauche. Tous, à un pas de distance les uns des autres, se portent à la batterie par le pas de manœuvre, se placent à droite et à gauche du mortier, et s'arrêtent sans commandement :

Les premiers servans à hauteur du boulon de la tête d'affût.

Les seconds servans à hauteur du boulon de la queue de l'affût.

Le bombardier à un pas de distance du second servant de gauche.

### *Front :*

Le bombardier et les servans font face au mortier.

*Approvisionnez la batterie, ôtez le tampon :*

Le second servant de droite ôte le tampon et le pose contre l'épaulement ; les servans rangent les leviers sur la plate-forme, le gros bout tourné vers l'épaulement, ceux destinés pour les premiers servans en dedans ; le bombardier va chercher le panier au magasin et vient le placer derrière le second servant de droite, et distribue ensuite les armemens dans l'ordre suivant :

L'écouvillon avec le refouloir sur les chevalets.

Le double crochet derrière le premier servant de gauche.

4

Le quart de cercle à gauche et près de l'épaulement.

Le balai à droite et près de l'épaulement.

Le bombardier se munit de manchettes, du sac à étoupilles qu'il place en ceinture, et du dégorgeoir.

Les autres attirails restent dans le panier.

On procède ensuite à l'alignement des fiches. A cet effet, le bombardier désigne un des servans pour monter sur l'épaulement et placer les fiches ; le bombardier placé sur le derrière de l'affût détermine la ligne de tir avec le fil à plomb.

Si le mortier est hors d'eau, c'est-à-dire, s'il est renversé en arrière, ie bombardier et les servans le placeront sur le coussinet de devant, en se conformant, pour cette manœuvre, à ce qui sera prescrit ci après, aux commandemens : *Dressez le mortier : Baissez le mortier.*

Ces dispositions préliminaires étant faites, on exécutera la manœuvre ainsi qu'il suit.

*Observation.* Les mouvemens qu'exigent un déplacement de la part du bombardier et des servans doivent être exécutés avec célérité et au pas de manœuvre.

*Aux leviers :*

Les quatre servans se baissent vivement

se saisissent chacun d'un levier et se relèvent ensemble.

### *Embarrez :*

Le bombardier se porte derrière la queue de l'affût et y fait face; les premiers servans embarrent au boulon de la tête; les seconds au boulon de la queue de l'affût.

### *En batterie :*

Les quatre servans agissent ensemble ; le bombardier dirige leurs mouvemens pour faire arriver l'affût au milieu de la plateforme ; le mortier en batterie, il fait un signal des deux mains, auquel les servans débarrent et reprennent leur poste ainsi que lui.

### *Posez — Vos leviers :*

Le premier servant de gauche et les deux seconds servans posent leurs leviers sur la plate-forme, sans bruit, et se relèvent en-semble.

### *Nettoyez — Le mortier :*

Le bombardier se porte devant la bouche du mortier en passant derrière le second ser-vant de gauche, et se fend de la partie gau-che en avant ; le premier servant de gauche prend l'écouvillon, le second servant de droite, la curette et le sac à terre, les passent au bombardier à mesure qu'il en a besoin pour le nettoiement du mortier, et les remettent à leur place lorsqu'il s'en est servi. Le mortier nettoyé, les deux servans reprennent leurs postes ; le bombardier se porte à la gauche du mortier à hauteur des tourillons et lui fait face.

### *Dressez — Le mortier :*

Le premier servant de droite place son levier en travers sous la volée du mortier ; le premier servant de gauche se porte à ce levier ainsi que les seconds servans, ces derniers en dehors, tous, tournant le dos à l'épaulement ; le bombardier écarte la jambe droite en arrière du boulon de la queue de l'affût, saisit le haut du mortier de la main gauche, et l'anse de la main droite, les ongles en dessus ; ils dressent le mortier perpendiculairement sur son affût. Le mortier dressé, le premier servant de droite cale le devant, et le bombardier le derrière ; les servans abandonnent le levier au premier servant de droite ; le bombardier se relève sur la partie droite faisant face à l'épaulement, et fait un signal auquel les servans ainsi que lui reprennent leur poste, le premier servant de droite sans quitter son levier.

### *A la poudre — A la bombe :*

Le bombardier fait à-droite et se porte à hauteur de la dernière lambourde ; le premier servant de droite saisit son levier vers le milieu, et le porte horizontalement le petit bout en avant; le premier servant de gauche saisit le crochet de fer de la même main et tous deux se portent sur l'alignement du bombardier, tournant, ainsi que lui, le dos à l'épaulement, et s'alignent avec ceux des autres mortiers. Au signal fait par le servant de gauche de la batterie, tous les pourvoyeurs sortent ensemble de la batterie, ayant la tête à droite pour marcher alignés : les premiers servans s'arrêtent à la bombe, celui de gauche la saisit avec le crochet, celui de droite tourne autour de la bombe, vient se placer en avant, tenant son levier par le petit bout; celui de gauche accroche la bombe sur le milieu du levier et le saisit par le gros bout; ils viennent ensuite se placer sur l'alignement pratiqué en arrière des boute-feux, vis-à-vis la gauche du mortier; le bombardier va au magasin, prend la gargousse et vient se placer un pas en avant du premier servant de droite.

*La poudre —Dans le mortier :*

Les pourvoyeurs se portent à la batterie, ayant la tête à droite pour marcher alignés avec ceux des autres mortiers; le bombardier monte sur le derrière de l'affût, verse la poudre dans la chambre du mortier et place le papier pardessus; le second servant de gauche prend le refouloir, le donne au bombardier, le remet sur les chevalets lorsqu'il s'en est

servi ; les premiers servans se portent devant
le mortier, en passant derrière le second servant de gauche, et posent la bombe sur le
coussinet.

*La bombe — Dans le mortier :*

Les premiers servans soulèvent la bombe à
l'aide des seconds qui se portent à leur secours, et se placent de manière à leur faire
face ; la bombe levée, le bombardier saisit le
crochet de la main droite et l'anse de la main
gauche, introduit la bombe dans le mortier,
ayant soin qu'elle n'en touche point les parois ;
il passe le crochet au premier servant de
gauche qui le remet à sa place sans abandonner
le levier ; le bombardier arrange ensuite la
bombe dans le mortier, de manière que les
anses se trouvent dans le plan vertical qui
passerait par l'axe des tourillons, et l'œil suivant l'axe du mortier ; le second servant de
droite fournit au bombardier les attirails qui
lui sont nécessaires pour achever de charger
le mortier, et les remet dans le panier, à mesure qu'il s'en est servi. Le mortier complétement chargé, le bombardier fait un signal
auquel les seconds servans tournent autour du
levier et le saisissent aux extrémités, et lui,
descend à la gauche du mortier, à hauteur
du tourillon, et lui fait face.

*Baissez le mortier :*

Les quatre servans présentent leurs leviers

en travers devant la volée du mortier ; le premier servant de droite décale le devant du mortier, et pose le coin de mire sur le coussinet ; le bombardier se fend de la jambe droite en arrière du boulon de la queue d'affût, saisit le haut du mortier de la main gauche, décale le derrière de la main droite, et saisit l'anse de la même main, les ongles en dessus ; il pousse alors avec force de la main gauche et retient ensuite pour soulager les servans et faire arriver très-doucement le mortier sur le coussinet ; le mortier baissé, les servans abandonnent le levier au premier servant de droite ; le bombardier se relève sur la partie gauche, faisant face à l'épaulement ; les quatre servans reprennent leur poste, le premier de droite sans quitter son levier, au signal que fait le bombardier, qui se porte en même temps deux pas en avant de la bouche du mortier, y faisant face.

*Aux — Leviers.*

Le premier servant de gauche et les deux seconds servans se baissent vivement, se saisissent chacun d'un levier et se relèvent ensemble ; le bombardier se saisit du quart de cercle de la main droite, et se porte un pas en avant de la bouche du mortier.

*Donnez les degrés — Pointez :*

Les quatre servans tournant le dos à l'épaulement, embarrent, les premiers sous le ventre du mortier, les seconds aux entailles de la queue d'affût ; le bombardier se fend de la jambe gauche en avant, applique son quart de cercle sur la bouche du mortier, le tenant de la main droite par la branche traversière, donne au mortier les degrés d'inclinaison à l'aide des premiers servans qui soulèvent et baissent le mortier selon le besoin ; les degrés donnés, le bombardier fait un signal auquel les premiers servans débarrent pour embarrer aux entailles de la tête d'affût ; le bombardier ayant attention de maintenir son quart de cercle, porte le pied gauche à hauteur du tourillon de gauche, enjambe l'affût de la partie droite et dirige le mortier dans cette situation. Le mortier pointé, le bombardier se relève sur la partie gauche, faisant face à l'épaulement, et tenant son quart de cercle de la main droite, fait un signal auquel les servans débarrent et reprennent leur poste ; il reporte le quart de cercle à sa place et reprend son poste en passant entre les servans de gauche et le mortier.

### *Posez — Vos leviers :*

Les quatre servans se baissent vivement, posent leurs leviers sur la plate-forme, sans bruit, et se relèvent ensemble ; le bombardier se munit de son dégorgeoir.

### *Dégorgez — Amorcez :*

Le bombardier fait un pas du pied droit, qu'il porte vis-à-vis du boulon de la queue de l'affût, et se fend du gauche en avant, inclinant le corps sur cette partie, dégorge de la main droite ; place l'étoupille de la main gauche, se relève sur la partie droite et reprend son poste ; le second servant de droite prend le sac à terre et couvre la lumière ; le premier servant du même côté balaie la plate-forme, et tous deux reprennent leur poste.

### *Au — Boute-feu :*

Le bombardier et les servans, tournant le dos à l'épaulement, se portent à l'extrémité de la plate-forme, en file de chaque côté, à un pas de distance l'un de l'autre.

### *Marche :*

Le bombardier et les servans sortent ensemble de la batterie, ayant la tête à droite pour marcher alignés ; le premier servant de gauche s'arrête au boute-feu, le saisit de la main droite et l'appuie dans la saignée du bras gauche ; les autres continuent de marcher vers l'alignement pratiqué derrière les boute-feux. Le bombardier et le second servant de droite parvenus sur cet alignement, font à-droite et à-gauche, marchent l'un vers l'autre, et s'arrêtent à un pas de distance ; les

autres servans se placent de même, et s'arrêtent à un pas les uns des autres.

*Front :*

Le bombardier et les servans font face à
la batterie ; le bombardier se porte ensuite
à droite ou à gauche, selon d'où vient le
vent pour observer la chute de la bombe.

*Boute-feu — Marche :*

Le premier servant de gauche se porte à
droite ou à gauche du mortier, selon d'où
vient le vent, et s'arrête à hauteur du boulon
de la queue de l'affût ; à droite, il tourne le
dos à l'épaulement ; à gauche, il y fait face,
découvre la lumière et remet, sans se dé-
placer, le sac à terre dans le panier.

*Haut le bras :*

Le premier servant de droite frappe de
son boute-feu sur le bras gauche, se fend de
la jambe gauche en arrière, tend cette partie
et plie la droite, le bras gauche étendu sur
la cuisse ; présente son boute-feu à quatre
doigts de la mèche de l'étoupille, le bras
droit allongé de toute sa longueur, les ongles
en dessus et le poignet bas.

*Feu :*

Le premier servant de gauche touche de
son boute-feu la mèche de l'étoupille, attend
pour se relever que le feu y prenne et que

le coup soit parti, se relève ensuite sur la partie droite, reporte le boute-feu à sa place, et rentre dans sa file.

La salve finie, on fait un roulement qui sert d'avertissement au bombardier de rentrer dans sa file.

Le bombardier et les servans parfaitement alignés, comme il est dit ci-dessus, on commandera :

*Bombardiers et servans, à vos postes — Marche :*

*Front :*

Ces deux commandemens s'exécuteront, comme il a été détaillé ci-devant.

L'exercice fini, on fera les commandemens : *Aux leviers : Embarrez : En butterie*, qui seront aussi exécutés de même que ci-dessus.

*Le mortier — Hors d'eau :*

Le premier servant de gauche et les seconds servans posent leurs leviers sur la plate-forme ; le premier servant de droite place le sien en travers sous la volée du mortier, le premier de gauche et les seconds servans se portent à son secours ; ces derniers placés aux extrémités du levier, tous quatre tournant le dos à l'épaulement ; le bombardier saisit le haut du mortier de la main gauche et l'anse de droite, les ongles en dessous ;

tous font effort pour dresser le mortier perpen-
diculairément sur son affût. Le mortier dressé,
le premier servant de droite passe son levier
de l'autre côté de la volée ; le premier servant de gauche et les seconds servans se
portent à son secours , placés comme ci-
desssus , faisant face à l'épaulement ; le bombardier fait effort pour baisser le mortier en
arrière ; les servans soutiennent et le laissent
descendre jusqu'à ce que l'anse soit appuyée
sur l'entre-toise de la queue de l'affût ; ensuite le bombardier et les servans reprennent leur poste.

*Rangez les leviers — Placez le tampon* :

Les servans placent les leviers sur les boulons de manœuvre ; le second de droite place
le tampon ; le premier du même côté balaie
la plate-forme ; le bombardier remet tous les
attirails et armemens dans le panier , le reporte au magasin ; en même temps on fait
le commandement :

*A-droite — A-gauche :*

Les quatre servans se portent à l'extrémité
de la plate-forme , en file de chaque côté ,
les premiers à un pas des seconds , tous faisant face en dehors.

*Marche :*

Les quatre servans vident la batterie, ayant
attention de marcher alignés.

*Halte :*

Les servans s'arrêtent ; le bombardier, revenu du magasin, se place à la tête de la file de gauche.

On commandera ensuite : *Par le flanc droit: Par le flanc gauche*, selon de quel côté on doit sortir de la batterie ; ce commandement exécuté, on fera celui de : *Serrez en masse — Marche :*

La colonne étant formée en masse, on sortira de la batterie en ordre et au pas de manœuvre.

## MORTIER DE 8 POUCES.

Il faut, pour le service d'un mortier de 8 pouces, trois hommes, dont un sous la dénomination de bombardier, les deux autres sous celle de servans.

En arrivant à la batterie, le bombardier et les servans se placent sur l'alignement pratiqué en arrière de celui des boute-feux, vis-à-vis le mortier, le bombardier entre les deux servans, tous trois faisant face à l'épaulement. Les armemens et les attirails nécessaires sont les mêmes que ceux destinés au service du mortier de 12 ou de 10 pouces, excepté qu'au lieu de quatre leviers, on n'en emploie que deux.

Les hommes étant disposés comme il vient d'être dit, on commandera :

*Bombardiers et servans , à vos postes —*
*Marche :*

Les deux servans partent ensemble , le bombardier se met en file derrière le servant de gauche ; tous trois se portent à la batterie , et s'arrêtent sans commandement , les servans à droite et à gauche à hauteur du boulon de la tête d'affût , le bombardier à un pas de distance du servant de gauche.

*Front :*

Le bombardier et les servans font face au mortier.

*Approvisionnez la batterie — Otez le*
*tampon :*

Le servant de droite ôte le tampon , le pose contre l'épaulement , et range son levier sur la plate-forme , le gros bout tourné du côté de l'épaulement ; le servant de gauche dispose le sien de la même manière ; le bombardier va au magasin prendre le panier contenant les attirails , et vient le placer derrière et à portée du servant de droite ; il distribue ensuite ces armemens dans l'ordre suivant :

Le double crochet de fer derrière le servant de droite ;

Le balai à droite contre l'épaulement ;

Le quart de cercle à gauche contre l'épaulement;

L'écouvillon et le refouloir sur les chevalets.

Il se munit de manchettes, du sac à étoupilles et du dégorgeoir, et laisse les autres attirails dans le panier.

On procède ensuite au placement des fiches, et on renverse le mortier sur le coussinet du devant, comme il est expliqué au détail relatif au mortier de 12 ou de 10 pouces; le bombardier et les servans rentrés à leur poste, on commandera :

### *Aux — Leviers :*

Les servans se baissent vivement, se saisissent chacun d'un levier, et se relèvent ensemble.

### *Embarrez :*

Le bombardier se porte derrière l'affût; les deux servans embarrent au boulon de la tête d'affût.

### *En batterie :*

Les servans agissent ensemble, le bombardier dirige leurs mouvemens pour faire arriver l'affût au milieu de la plate-forme; le mortier en batterie, il fait un signal des deux mains, auquel les servans débarrent et reprennent leur poste ainsi que lui.

*Posez — Vos leviers :*

Les deux servans se baissent vivement, posent leurs leviers sur la plate-forme, sans bruit, et se relèvent ensemble.

*Nettoyez — Le mortier :*

Le bombardier se porte devant la bouche du mortier en passant derrière le servant de gauche et se fend de la partie gauche en avant; le servant de gauche prend l'écouvillon; celui de droite la curette et le sac à terre, les passent au bombardier à mesure qu'il en a besoin pour le nettoiement du mortier, et les remettent à leur place lorsqu'il s'en est servi. Le mortier nettoyé, les servans reprennent leurs postes, le bombardier se porte à la gauche du mortier, à hauteur du tourillon et y fait face.

*Dressez — Le mortier.*

Le bombardier saisit de la main gauche le haut du mortier et l'anse de la main droite, les ongles en dessus; les servans le saisissent au collet; ils dressent le mortier perpendiculairement sur son affût. Le mortier dressé, le bombardier place un coin sous le derrière; le servant de droite, un sous le devant du mortier pour le contenir dans cette situation; le bombardier se relève sur la partie droite, fait un signal, auquel lui et les servans reprennent leur poste,

*A la poudre — A la bombe :*

Le servant de droite prend le crochet et se porte à hauteur du bombardier ; tous deux tournent le dos à l'épaulement et s'alignent en même temps avec ceux des autres mortiers : au signal fait par le servant de la batterie, tous les pourvoyeurs partent ensemble ; le servant de droite s'arrête à la bombe et la saisit par l'anse avec son crochet ; le bombardier va au magasin, prend la gargousse et vient se placer devant lui.

*La poudre — Dans le mortier :*

Les pourvoyeurs se portent à la batterie, ayant la tête à droite pour marcher alignés ; le bombardier se place à gauche, verse la poudre dans la chambre du mortier et place le panier pardessus ; le servant de gauche prend le refouloir, le donne au bombardier et le remet à sa place après qu'il s'en est servi ; le servant de droite porte la bombe sur la droite du mortier.

*La bombe — Dans le mortier :*

Le servant de droite soulève la bombe et la donne au bombardier qui la place dans le mortier, le servant de droite remet le crochet à sa place et fournit au bombardier les attirails nécessaires pour charger le mortier.

et les remet dans le panier après qu'il s'en
est servi.

*Baissez le mortier :*

Le bombardier et les servans se placent
comme au commandement : *Dressez le mortier*, baissent le mortier sur le coussinet de
devant, et reprennent leur poste au signal
du bombardier, qui se porte en même temps
deux pas en avant du mortier et y faisant face.

*Aux — Leviers :*

Les servans se baissent vivement, se saisissent chacun d'un levier ; le bombardier,
saisit le quart de cercle de la main droite,
se porte un pas en avant de la bouche du
mortier.

*Donnez les degrés — Pointez :*

Le servant de droite embarre à l'entaille de
la queue d'affût ; celui de gauche embarre
sous le ventre du mortier ; le bombardier,
tenant son quart de cercle de la main droite
par la branche traversière, l'applique sur la
bouche du mortier, donne les degrés d'élévation à l'aide du servant de gauche, qui soulève
et baisse le mortier selon le besoin. Les degrés donnés, le bombardier fait un signal,
auquel le servant de gauche débarre et embarre à l'entaille de la tête d'affût ; le bombardier tenant son quart de cercle de la main
                                    gauche

gauche sans l'ôter de dessus la bouche du mortier, porte le pied gauche à hauteur du tourillon de gauche, enjambe l'affût de la partie droite et dirige le mortier dans cette situation. Le mortier pointé, le bombardier se relève sur la partie gauche faisant face à l'épaulement et tenant son quart de cercle de la main droite, fait un signal auquel les servans débarrent et reprennent leur poste; il reporte le quart de cercle à sa place, et reprend son poste en passant entre le servant de gauche et le mortier.

### *Posez — Vos leviers :*

Les servans se baissent vivement, posent leurs leviers sur la plate-forme sans bruit et se relèvent ensemble; le bombardier se munit de son dégorgeoir.

### *Dégorgez — Amorcez :*

Le bombardier dégorge de la main droite et place l'étoupille de la gauche; le servant de droite prend le sac à terre et couvre l'amorce, balaie la plate-forme et reprend son poste.

### *Au boute-feu :*

Le bombardier et les servans tournent le dos à l'épaulement; celui de droite se porte ainsi que le bombardier à l'extrémité de la plate-forme; celui de gauche à un pas de distance du bombardier.

*Inst. d'art.*                              5

### *Marche :*

Le bombardier et les servans sortent ensemble de la batterie, ayant la tête à droite
pour marcher alignés ; le servant de gauche
s'arrête au boute-feu, le saisit de la main
droite et l'appuie dans la saignée du bras
gauche ; les autres continuent de marcher :
parvenus sur l'alignement prat.qué en arrière,
le bombardier fait à-gauche, le servant de
droite fait à-droite, vont à la rencontre l'un
de l'autre, et s'arrêtent sans commandement à
un pas de distance.

### *Front :*

Le bombardier et les servans font face à la
batterie, le bombardier se porte ensuite à
droite ou à gauche, selon d'où vient le vent,
pour observer son coup.

### *Boute-feu — Marche :*

Le servant de gauche se porte à droite ou à
gauche du mortier, selon d'où vient le vent, et
s'arrête à hauteur du boulon de la queue d'affût : à droite, il tourne le dos à l'épaulement ; à
gauche, il y fait face ; découvre la lumière et
remet le sac à terre dans le panier.

### *Haut le bras :*

Le servant de gauche frappe de son boute-
feu sur le bras gauche, se fend de la jambe
gauche en arrière, tend cette partie et plie

la droite, le bras gauche étendu sur la cuisse, présente son boute-feu à quatre pouces de la mèche de l'étoupille, le bras droit tendu, les ongles en dessus et le poignet bas.

*Feu :*

Le premier servant de gauche touche de son boute-feu la mèche de l'étoupille, attend pour se relever que le feu y prenne et que le coup soit parti, se relève ensuite sur la partie droite, reporte le boute-feu à sa place et rentre sur l'alignement à côté de la place du bombardier.

La salve finie, on fait un roulement qui sert d'avertissement au bombardier de rentrer dans sa file.

Le bombardier revenu sur l'alignement, on commandera :

*Bombardiers et servans, à vos postes —*
*Marche :*

*Front :*

Ces commandemens seront exécutés comme il a été dit ci-dessus.

L'exercice fini, on se conformera à ce qui a été prescrit au détail relatif à l'exercice du mortier de 12 et de 10 pouces pour mettre le mortier en batterie et hors d'eau, pour ranger les leviers, placer le tampon et sortir de la batterie.

2

## Observations sur la manière de charger et de pointer le mortier.

La poudre versée dans le mortier, le bombardier aplattit le papier de la gargousse, en forme un culot du diamètre de la chambre, le place sur la poudre et le presse très-doucement avec le refouloir.

Lorsque la bombe est placée comme il a été dit, le bombardier l'assujétit dans le mortier au moyen de quatre éclisses également éloignées les unes des autres, et placées de manière que deux se trouvent dans le plan vertical passant par l'axe du mortier,

Lorsque le bombardier applique le quart de cercle sur la bouche du mortier pour donner les degrés d'inclinaison, il doit avoir attention que la rainure de la branche traversière correspondante au plan gradué se trouve dans le plan vertical passant par l'axe du mortier; il s'en assure au moyen de la verge ou fil à plomb qui sert à marquer les degrés, et qui, dans cette position, doit être, dans toute sa longueur, parfaitement parallèle au plan gradué.

Après avoir donné les degrés d'inclinaison, le bombardier relève la branche mobile à pinulle verticalement, saisit le quart de cercle de la main gauche renversée, et dans le mouvement qu'il fait ensuite pour enjamber le mortier et se placer pour le diriger, il a soin que le quart de cercle ne bouge point.

Pour que le mortier soit bien dirigé, il faut que le bombardier découvre les deux fiches par la visière, et qu'elles se confondent dans un même plan.

Si le quart de cercle n'a point de branche mobile à pinnule, on donne la direction au mortier au moyen d'un fil à plomb.

Le bombardier se sert du fil à plomb en se plaçant un pas en arrière de l'affût, dispose le mortier pour que le fil à plomb, la lumière, le point du bourrelet le plus élevé et les deux fiches se confondent dans le même plan.

## MANŒUVRES DE FORCE.

On entend par manœuvre de force, dans l'artillerie, les moyens qu'on emploie à l'aide de quelques machines pour mouvoir des fardeaux.

On ne traitera point, dans cette Instruction, de toutes les manœuvres de force, ni de toutes les machines en usage dans l'artillerie : ou se propose seulement d'entrer dans le détail de celles de ces manœuvres auxquelles les élèves sont exercés d'après les moyens existans à l'école, en indiquant les machines et agrès nécessaires à leur exécution.

5

On observera qu'il est important dans les manœuvres de force, que les hommes qui y sont employés conservent les postes qui leur sont indiqués, exécutent promptement ce qui leur est ordonné, et observent le silence. La moindre négligence de leur part peut occasionner des accidens graves, qui n'arrivent jamais lorsque chacun est à sa place et n'agit qu'avec ordre et précaution.

## *Remettre une pièce de bataille sur son affût.*

Il faut, pour l'exécution de cette manœuvre, huit à dix hommes pour une pièce de 12; huit, pour une pièce de 8 ou de 6, et six, pour une pièce de 4.

La pièce étant à terre, les anses en dessus, on détache la prolonge, on la fixe par son milieu et par un nœud d'artificier au bouton de culasse; sur les deux parties de cette prolonge tendues en avant de la bouche, se placent des hommes pour faire effort; on prend un levier de pointage que l'on place en travers sur le bouton de culasse; quatre hommes se placent à ce levier faisant face à la pièce; deux autres placés de chaque côté à hauteur des tourillons, saisissent d'une main l'une des anses et de l'autre le levier : ces six hommes et ceux qui sont à la prolonge agis-

sent ensemble , soulèvent la culasse et dressent la pièce sur sa bouche. Si c'est une pièce
de 6, de 8 ou de 12, deux hommes placent
un levier sous le premier renfort et aident à
soulever la culasse. La pièce dressée verticalement, trois ou quatre hommes suffisent
pour la maintenir dans cette situation, tandis
que les autres vont chercher l'affût et le disposent, en soulevant la crosse, à recevoir la
pièce : alors les hommes qui maintiennent la
pièce la font tomber doucement sur l'affût ;
les tourillons placés dans leur encastrement,
on remet les susbandes.

Cette manœuvre est prompte, mais dangereuse, surtout lorsqu'elle a lieu pour une
pièce de 12. Pour éviter les accidens qui ré-
sulteraient, si le levier placé en travers sous
le bouton de culasse venait à glisser, on attache fortement ce levier au bouton avec un
trait, une longe de cheval ou un bout de
cordage quelconque; on doit aussi, pour la
pièce de 12, faire un trou en terre sous sa
bouche, dans lequel on la dresse verticalement : cette précaution facilite la manœuvre
et la rend moins dangereuse.

On se sert de la même manœuvre pour
mettre un obusier de campagne, et même
un obusier de siége sur son affût; mais alors
il faut que l'obusier soit exhaussé suffisamment pour qu'en le renversant sur son affût

les tourillons se logent de suite dans leur encastrement.

--------

## Remettre une pièce de canon sur son affût par l'abattage.

Il faut quinze hommes pour les calibres
de 8 et de 12, et vingt à vingt-cinq pour ceux
de 16 et 24.

Les agrès nécessaires sont :

Deux poutrelles ;

Deux chantiers ;

Un rouleau ;

Une prolonge double ou deux simples ;

Une demi-prolonge ;

Quatre traits à canon ;

Des leviers.

La pièce étant à terre les anses en dessus,
on place une poutrelle perpendiculairement
sous le premier renfort joignant la plate-
bande de culasse, et en dessous de la poutrelle deux chantiers parallèlement à la
pièce ; on attache solidement la poutrelle à
la culasse avec la demi - prolonge ou avec
deux traits à canon. On fait avancer l'affût
dans la direction de la pièce jusqu'à ce que
les roues soient appuyées contre la poutrelle ;
on attache les roues fortement à cette poutrelle avec des traits à canon ; on fixe la pro-

longe double par son milieu, ou les deux prolonges simples à l'anneau d'embrelage; on tend les deux parties de la prolonge du côté de la pièce sur lesquelles des hommes se placent à droite et à gauche; d'autres se portent aux flasques', et tous ensemble font effort pour lever la crosse. L'affût dressé verticalement, on passe une des parties de la prolonge du côté opposé pour maintenir l'affût dans cette situation : alors on passe une poutrelle dans les raies, joignant le dessous des flasques; on passe l'autre partie de la prolonge du côté opposé à la pièce; on fait effort sur les deux parties de la prolonge et on abat la crosse jusqu'à terre. Pour faciliter l'abattage, deux hommes munis de leviers embarrent sous les roues, et d'autres appuient sur les flasques dès qu'ils sont à portée de le faire. Après ce premier abattage, on relève l'affût; on place la poutrelle, et on fait un second abattage qui doit suffire pour faire arriver les tourillons dans leur encastrement.

## Relever une pièce de canon sur son affût en faisant servir les roues de treuil.

Il faut quinze à dix-huit hommes pour les pièces de gros calibre, quatorze à quinze suffisent pour celles de 8 et de 12.

Les agrès nécessaires sont :

Deux poutrelles ;

Deux chantiers ;

Quatre rouleaux ;

Trois pointails ;

Trois plateaux pour mettre sous les pointails dans les terrains sablonneux ou marécageux ;

Une prolonge double, ou deux simples ;

Des traits à canon ou une demi-prolonge ;

Des leviers.

La pièce étant à terre, les anses en dessus, on dispose les deux chantiers parallèlement à la pièce à peu de distance des tourillons, les extrémités d'un côté à hauteur de la bouche de la pièce, et de l'autre, dépassant de 15 à 20 centimètres au moins la hauteur du bouton de culasse.

On élève la pièce à la culasse pour placer une poutrelle perpendiculairement sur les chantiers, dessous le bouton, appuyée contre la culasse ; on attache fortement la poutrelle à la culasse avec la demi-prolonge, ou, à défaut d'un cordage de cette espèce, avec deux traits à canon joints ensemble, dont on arrête les extrémités après les avoir fait passer dans les anses. On élève la volée pour placer un rouleau sous le collet et perpendiculairement sur les chantiers.

On amène l'affût que l'on dispose dans la

direction de la pièce, la crosse à peu de distance de la bouche appuyée aux chantiers ; on le fixe dans cette position avec deux piquets qu'on place dans les angles formés par l'entretoise de lunette et les flasques, et on les enfonce assez pour que leurs têtes ne dépassent point en hauteur celle des flasques ; on soulève le devant de l'affût en embarrant sous le milieu de l'entre-toise de volée, avec une poutrelle en forme de levier qui a pour point d'appui un pointail placé à un mètre environ en avant de l'affût ; on place deux pointails à la tête d'affût dessous les flasques : alors les roues sont élevées de 20 à 25 centimètres et doivent tourner aisément sur leur essieu.

On attache ensuite la prolonge double ou les deux prolonges simples à la poutrelle, en deux points également distans du bouton de culasse, à hauteur du gros bout des moyeux ; on enveloppe de deux tours avec la prolonge de chaque côté, le gros bout des moyeux ; on fixe l'excédent aux raies, ou bien on prolonge cet excédent au-delà de l'affût en forme de retraite.

Après ces dispositions préliminaires, six hommes munis d'un levier chacun se placent, savoir :

Deux en arrière de la poutrelle, à laquelle ils embarrent de chaque côté en dehors du nœud de la prolonge pour soulever la poutrelle à fur et à mesure qu'elle s'avance sur les chantiers et sur les flasques.

Un autre, placé à gauche, introduit son levier par le gros bout dans l'anse droite, pour maintenir la pièce pendant son mouvement.

Un quatrième introduit son levier dans l'ame de la pièce, afin de la maintenir dans la direction de l'affût.

Deux autres se placent de chaque côté à hauteur de la tête d'affût, embarrent dans les roues sous les flasques, appuyant leurs leviers contre la jante.

Deux hommes placés en avant de ces derniers, et leur faisant face, se portent à leur secours.

Un homme enfin placé à droite de la pièce se dispose à introduire un rouleau sous la volée, à fur et à mesure qu'elle monte sur l'affût.

Les hommes qui ne sont point employés se portent à droite et à gauche pour faire effort sur les prolonges disposées en retraite en avant de l'affût. Dans le cas où ces prolonges sont arrêtées aux roues, deux de ces hommes, munis d'un levier chacun, se placent à droite et à gauche, à hauteur du derrière des roues, embarrent aux roues pour les maintenir pendant que les hommes qui manœuvrent en avant débarrent pour embarrer de nouveau.

Si la nature du terrain, ou quelque autre accident, rendait l'affût vacillant pendant l'exécution de la manœuvre, il faudrait l'étayer de chaque côté au moyen d'un morceau de bois convenable, que l'on place à l'extrémité de la fusée de l'essieu.

Lorsque la pièce est presque à la hauteur convenable, on place un bout de levier dans l'encastrement des tourillons, et un petit rouleau sous la volée en avant des chevilles de la tête d'affût; on continue la manœuvre jusqu'à ce que la pièce soit suffisamment avancée et on la maintient dans cette position. On place ensuite un levier en croix sous celui qui est dans la bouche pour soutenir la pièce en avant, et pour, en soulevant la volée, dégager le rouleau et le bout de levier : alors on fait descendre la pièce dans son encastrement.

---

*Relever une pièce de canon de gros calibre sur son affût par la manœuvre dite en chapelet.*

Il faut dix-huit à vingt hommes pour l'exécution de cette manœuvre.

Les agrès nécessaires sont :

Deux grandes poutrelles coupées en biseau à leurs extrémités.

Une poutrelle de moindre grandeur.

Un pointail.

Deux prolonges.

Des leviers.

On dispose l'affût parallèlement à la pièce, à la distance de la longueur des poutrelles, l'encastrement vis-à-vis des tourillons ; on soulève le devant de l'affût du côté de la pièce, au moyen de la petite poutrelle en forme de levier, ayant pour point d'appui un pointail placé à un mètre en avant du flasque ; on ôte la roue que l'on couche à terre, le gros bout du moyeu en dessus ; on appuie la fusée de l'essieu sur le moyeu, de manière qu'en mettant l'esse dans l'œil de la fusée, elle s'introduise en même temps dans le vide du moyeu.

On place ensuite les poutrelles parallèlement entre elles, aboutissant d'un côté à la pièce, et de l'autre appuyant sur l'affût, l'une joignant la cheville à mentonnet, l'autre au-delà de l'encastrement du tourillon.

On attache les deux prolonges à la roue opposée, et avec chacune d'elles que l'on passe en dessus de l'affût, on enveloppe la pièce de deux tours au premier renfort et à la volée ; on reporte chaque prolonge au-delà de l'affût et on les étend de toute leur longueur parallèlement entre elles.

Cinq hommes se munissent d'un levier chacun : l'un d'eux introduit le sien dans la bouche de la pièce ; deux se placent derrière la pièce dans la direction des poutrelles , pour suivre la pièce avec la pince de leurs leviers pendant la manœuvre ; les deux autres placés à droite et à gauche, se disposent à agir où il sera nécessaire ; le reste des hommes employés se portent sur les deux prolonges au-delà de l'affût.

Tout étant ainsi préparé , on fait effort sur les prolonges pour faire monter la pièce sur les poutrelles ; on a attention pendant la manœuvre que la pièce soit maintenue dans une position perpendiculaire aux poutrelles, et que les tourillons se trouvent exactement vis-à-vis de leur encastrement. Pour cela, on fait avancer la volée  seulement lorsqu'elle est en arrière , tandis qu'on soutient et qu'on cale la culasse au point où elle se trouve ; la pièce étant parvenue en haut des poutrelles, on la fait tourner sur elle-même, si cela est nécessaire , au moyen d'un levier placé  dans les anses, pour qu'en faisant un dernier effort sur les prolonges, les tourillons se logent dans leur encastrement ; on soulève ensuite le devant de l'affût, comme il a été dit ci-dessus, et on remet la roue.

----

### *Relever une pièce de canon versée en cage.*

On dit qu'une pièce de canon est versée en

cage quand elle se trouve culbutée sens dessus dessous et que ses tourillons ne sont point
sortis de leur encastrement : un accident de
cette espèce ne peut guère arriver qu'aux
pièces de bataille. Les hommes qui sont employés à leur service et les ressources qu'on
trouve dans leur équipage, suffisent ordinairement pour le réparer.

Avec les leviers de pointage, on soulève
la culasse autant que possible, pour y placer
dessous un morceau de bois ou une pierre;
on en fait autant à la volée, et on s'assure que
les susbandes et les clavettes sont à leur
place ; on brelle solidement la pièce à l'affût
de chaque côté de l'essieu avec des cordages,
si on en a, ou bien on se sert pour cela des
traits ou des longes des chevaux ; on détache
ensuite la prolonge; on la plie en deux à son
milieu ; on introduit ce pli dans les raies,
au dessous du moyen de la roue opposée au
côté par lequel on doit relever la pièce ; on
le fait passer en dessous de la pièce pour le
fixer au petit bout du moyeu de l'autre roue;
on passe les deux brins de la prolonge en
dessus des roues, et on les étend du côté
qu'on doit retourner la pièce.

Quatre hommes munis chacun d'un levier
de pointage embarrent, l'un à la volée, un
à la crosse et les deux autres à la roue : pour
une pièce de 4 il suffira des deux premiers;

le reste des hommes se portent sur les deux brins de la prolonge, et alors tous font effort pour culbuter la pièce et la relever.

Si l'emplacement où on exécute cette manœuvre, était un rocher ou un terrain pierreux, il faudrait, autant que les circonstances le permettraient, placer une botte de paille, de foin, ou une fascine, au point de chute de la roue, pour diminuer le choc qu'elle éprouve en tombant.

## DE LA CHÈVRE.

La chèvre est une machine dont on se sert pour élever des fardeaux considérables, tels qu'une pièce de canon de gros calibre, pour la placer sur son affût, sur un chariot porte-corps, ou pour l'en ôter.

On équipe la chèvre lorsqu'elle est élevée et soutenue par son pied, ou couchée sur le fardeau qu'on veut élever. Cette dernière manière d'équiper la chèvre est celle qu'on emploie ordinairement dans une batterie exposée au feu de l'ennemi, quand on est obligé de s'en servir pendant le jour.

Il faut pour l'exécution de la manœuvre de la chèvre dix hommes, dont un, sous la dénomination de chef de manœuvre, est chargé de surveiller l'appareil et de maintenir le fardeau pendant la manœuvre.

*Précaution à prendre pour transporter*
*la chèvre et pour la dresser.*

Les dix hommes qui doivent manœuvrer
la chèvre suffisent pour la transporter; ils
se placent à cet effet comme il suit.

Deux hommes de chaque côté saisissent
d'une main le tenon du premier épar, et de
l'autre le pied de la hanche ; un troisième vis-
à-vis le milieu du premier épar, le saisit des
deux mains ; deux hommes à hauteur du second
épar le saisissent d'une main par le tenon, et
soutiennent à la hanche de l'autre ; deux autres à hauteur du troisième épar, le saisissent
de la même manière ; deux autres avec un
levier en travers soutiennent la tête de la
chèvre , un homme enfin est chargé du pied
de chèvre.

Pour dresser la chèvre , deux hommes en
dehors de chaque côté posent le pied contre
celui de la hanche ; six autres soulèvent la
tête ; deux autres avec chacun un levier qu'ils
appuient de chaque côté contre la hanche et
le tenon du troisième épar , aident à la soutenir; lorsqu'elle est suffisamment élevée, on
incline le pied vers la tête de la chèvre pour
le loger dans son encastrement : alors, pour
que la chèvre soit solidement dressée, il faut
que le bout du pied de chèvre qui est à terre
soit à égale distance des deux pieds des han-

ches, et qu'il y ait un espace entre le pied de chèvre et le milieu du premier épar, de 3 mètres (9 pieds) environ, pour que le fardeau qu'on doit soulever et la voiture qui le porte ou doit le porter, y passent aisément.

---

*Manière d'équiper la chèvre dressée et soutenue par son pied, et agrès né- cessaires.*

On équipe la chèvre depuis un brin ou cordon jusqu'à six; les agrès nécessaires pour cette dernière quantité de brins, sont :

1 cable de chèvre.
4 traits à canon ou jarretières.
2 écharpes.
1 mouffle.
5 leviers de manœuvre.

*Pour équiper la chèvre à un brin.*

On embarre avec un des leviers dans une des mortaises du treuil, dont on appuie le petit bout à terre; on place le câble à la gauche du treuil; on passe un des bouts pardessus le treuil, et allant de gauche à droite on l'enveloppe de trois tours entiers, le cor- dage se touchant sans remonter sur lui-même. Un homme monté sur le second épar reçoit le bout du câble, le fait passer dans la poulie de droite, et le fait descendre jusqu'au fardeau. Si ce fardeau est un canon, on entrelasse une jarretière dans les anses, qu'on arrête par un nœud droit et coulant; on fixe le bout du câble à cette jarretière par un nœud allemand.

### *A deux brins.*

On procède comme pour l'équiper à un; alors, au lieu d'arrêter le câble à la jarretière, on le passe dans la poulie d'une écharpe qu'on accroche à cette jarretière, et du brin du câble on coiffe la chèvre par un nœud allemand, en faisant pendre ce brin par la gauche pour que la chèvre soit uniformément chargée.

### *A trois brins.*

On procède comme pour l'équiper à deux; mais au lieu de coiffer la chèvre avec le brin du câble, on le fait passer dans la poulie de la gauche et dans le même sens que l'autre brin, c'est-à-dire, du dehors en dedans, en sorte que le brin se trouve pendant entre la chèvre et son pied; on attache ce brin à l'anse du côté du pied de chèvre par un nœud allemand et l'on accroche l'écharpe à l'autre anse.

### *A quatre brins.*

On procède comme pour l'équiper à trois; mais au lieu d'arrêter le troisième brin de câble à l'anse, on le fait passer dans la poulie d'une écharpe qu'on accroche à l'anse la plus près du pied, et du bout du câble on en coiffe la chèvre à gauche par un nœud allemand.

Si on n'a point assez d'écharpe pour équiper la chèvre à quatre brins, comme on vient de le dire, on se sert d'une mouffle qu'on accroche à une jarretière entrelassée dans les anses; mais alors il faut que la poulie du mouffle dans laquelle on passe le bout du câble pour former le second brin se trouve à droite, pour que le troisième et le quatrième brin ne croisent point sur les deux premiers.

### A cinq brins.

On procède comme pour l'équiper à quatre, en employant un mouffle; mais comme il n'y a que deux poulies à la tête de la chèvre, on forme une couronne avec un ou deux traits à canon, qu'on place à la tête de la chèvre, à laquelle on suspend une écharpe; on passe les bouts du câble dans la poulie de cette écharpe, on le fait descendre pour le fixer à l'anse du côté du pied de chèvre par un nœud allemand, et on accroche le mouffle à l'autre anse.

### A six brins.

On procède comme pour l'équiper à cinq; mais au lieu d'arrêter le cinquième brin, on fait passer le bout du câble dans une écharpe qu'on accroche à l'anse du côté du pied de chèvre; on remonte le bout du câble pour en coiffer la chèvre.

On observe que pour équiper la chèvre à cinq et à six brins, il faut que l'écharpe suspendue à la tête de la chèvre soit entre la hanche de la gauche et le pied de chèvre, et qu'en coiffant la chèvre, le sixième brin se trouve à droite du pied de chèvre.

Au reste, à tel nombre de brins qu'on équipe la chèvre, il faut que les brins ne se croisent pas.

On se sert rarement de la chèvre équipée à plus de quatre brins; cependant un plus grand nombre est nécessaire dans l'armement des batteries de côte, lorsqu'il s'agit de soulever un mortier de 12 pouces coulé sur semelle, c'est-à-dire, un mortier ne formant avec son affût qu'une seule masse d'un poids très-considérable.

La chèvre équipée d'une des six manières précédentes, on dispose les dix hommes pour la manœuvrer, ainsi qu'il suit :

Un homme, sous la dénomination de chef de manœuvre, est muni d'un levier qu'il introduit par la pince dans l'ame de la pièce. Si c'est un autre fardeau qu'un canon, il attache un cordage à ce fardeau, pour le maintenir et l'empêcher de heurter la chèvre pendant la manœuvre.

Quatre hommes munis d'un levier chacun se placent, deux de chaque côté, à un pas de distance l'un derrière l'autre, les premiers à hauteur de 32 centimètres ( 1 pied ) environ du tenon du premier épar, tenant leurs leviers vers le milieu et verticalement la pince en bas et appuyée à terre, de la main qui est du côté de la chèvre.

Deux hommes destinés à se porter au secours des quatre précédens se placent de chaque côté à un pas en arrière de ceux qui sont chargés des leviers, et restent dans cette position jusqu'à ce qu'on ait besoin d'eux.

Trois hommes se saisissent de la partie du câble qu'on nomme retraite, et tirent dessus pendant la manœuvre pour l'empêcher de glisser sur le treuil.

### Exécution de la manœuvre.

Le chef de manœuvre, après s'être assuré que chacun est à son poste, fait le commandement :

### Embarrez :

Les deux hommes les plus près du treuil élèvent leurs leviers verticalement de la main qui est du côté de la chèvre, les saisissent de l'autre main à 17 centimètres (6 pouces) de la pince ; ils portent le pied le plus près de la chèvre sur le premier épar, en même temps qu'ils introduisent leurs leviers dans la mortaise du treuil la plus apparente , et les enfoncent jusqu'à la main qu'ils reportent au-dessus de l'autre. Les deux hommes placés en arrière de ceux qui viennent d'embarrer font un pas en avant pour occuper leurs places , élèvent leurs leviers comme il vient d'être dit , celui de droite fait le commandement :

*Abattez :*

Les deux hommes qui sont au treuil abat-tent leurs leviers , se portent à leurs extré-mités, et les maintiennent dans une position un peu au-dessous de l'horizontale, ayant le corps droit, les talons joints et les mains peu éloignées du bout des leviers; en même temps les deux autres embarrent de chaque côté dans la seconde mortaise de la manière pres-crite ci-dessus ; celui de droite commande:

*Débarrez :*

Les deux hommes dont les leviers sont abattus , sans bouger les pieds ni la main qui est à l'extrémité du levier, glissent l'autre main vers le milieu, débarrent, dressent leurs leviers verticalement , portant la main qui est au petit bout à 17 centimètres (6 pouces ) environ de la pince; font en même temps un grand pas perpendiculairement en arrière , du pied qui est du côté de la chèvre , croisent de l'autre pied en faisant à-droite et à-gauche,

et

et par un grand pas se reportent au point, et prennent la position qu'ils avaient avant d'embarrer ; celui de droite commande :

*Abattez :*

Comme il a été dit ci-dessus.

On répète cette manœuvre jusqu'à ce que les hommes de secours soient devenus nécessaires : alors, après avoir embarré, l'homme de droite commande :

*Au secours :*

Les deux hommes de secours se portent rapidement en dedans, se tournant le dos, laissant la retraite entr'eux ; ils montent sur l'épar et saisissent le levier des deux mains pour aider à l'abattre.

Si les hommes ainsi placés éprouvaient trop de difficulté pour élever le fardeau, il faudrait monter en force ; ce qui s'exécute de cette manière :

Après avoir embarré, les deux hommes de droite et de gauche portent le pied le plus éloigné de la chèvre sur la tête du treuil, en dehors et contre leurs leviers, et appuient l'autre pied contre le tenon du second épar. Au commandement : *Abattez*, ils appuient fortement contre le tenon du second épar ; ils portent tout le poids de leur corps sur les leviers, sautent en bas de la chèvre, et reprennent la position indiquée ci-dessus.

Les hommes de secours montent aussi en force, si cela est nécessaire.

*On observe* que les hommes montés en force ne doivent s'appuyer sur leurs leviers avant le commandement : *Abattez*, qu'autant qu'il est nécessaire pour maintenir le fardeau : sans cette précaution, ils pourraient se trouver entraînés, et tomber avec violence, et du poids de leur corps et de celui de leurs leviers, sur la tête des hommes qui auraient abattu avant eux, et avant que ces derniers eussent débarré et repris une position qui les mît à l'abri de cet accident.

Lorsque la chèvre est équipée à 5 et à 6 brins, il arrive presque toujours que le câble se trouve à l'extrémité de droite de la partie cylindrique du treuil, avant que le fardeau soit assez élevé. Pour pouvoir continuer la manœuvre, il faut reporter le câble à gauche ; ce que l'on exécute de la manière suivante.

L'homme de secours de droite monte sur le treuil, fixe une jarretière par son milieu au deuxième épar, près du câble, et avec les deux brins de la jarretière il entrelasse le câble en montant, jusqu'à ce qu'il ne reste de ces deux brins que ce qui est nécessaire pour les arrêter par un nœud droit ; les hommes qui sont aux leviers cèdent au poids jusqu'à ce que le câble se trouve arrêté ; alors la partie du câble qui enveloppe le treuil étant libre, on la fait glisser à la gauche du treuil.

Le fardeau étant levé à la hauteur convenable, on cesse de manœuvrer, et l'on arrête ce câble d'une des deux manières suivantes.

1.º Un des hommes de droite place son levier en croix entre les hanches de la chèvre et les leviers, qui se trouvent alors verticaux ; on cède à la retraite sans l'abandonner tout-à-fait, assez seulement pour que ces leviers s'appuient sur celui qui est en croix et celui-ci sur le câble : alors l'homme de secours de droite saisissant le cable des deux mains et résistant au poids de toutes ses forces, croise la retraite sur la partie du câble qui enveloppe le treuil, la fait passer sous le tenon de gauche du premier épar, la ramène sous le tenon de droite du même épar, la repasse à gauche, en enveloppe l'extrémité du levier qui est en croix, et vient la fixer à l'autre extrémité du même levier par un demi-nœud de batelier.

2.º On place un levier en croix ; l'homme de secours de droite saisissant le câble des deux mains, et résistant fortement au poids, abaisse le câble perpendiculairement et touchant le premier épar ; de la main gauche il croise le câble à hauteur du dessous de l'épar, pour former une boucle qu'il passe en dessous, et du dehors en dedans, ayant attention que

la partie croisée du câble, correspondante à
la retraite, soit appuyée au-dessous de l'épar;
il remonte la boucle du dedans en dehors au-
dessus de l'épar; un homme de gauche y
introduit un manche d'outil ou un levier,
lequel étant appuyé contre le premier épar
et contre le treuil, maintient le fardeau.

Le câble étant arrêté, le chef de manœuvre
contient le fardeau, tandis que les neuf autres
font avancer la voiture dessous la chèvre.
Lorsqu'elle y est placée, tous reprennent leur
poste; celui de secours de droite détache le
câble avec les mêmes précautions qu'il a prises
pour l'attacher; on tend la retraite, l'homme
de gauche dont le levier n'est point engagé,
embarre horizontalement, et à l'aide de
l'homme de secours il appuie sur son levier
pour qu'on puisse ôter le levier qui est en
croix; l'homme de droite embarre aussitôt
horizontalement, et fait le commandement :
*Au secours*, qui est exécuté par l'homme de
droite chargé de cette fonction : en même
temps les deux hommes dont les leviers sont
verticaux débarrent, font un pas en arrière
du pied qui est du côté de la chèvre, et un
de côté de l'autre pied, tenant leurs leviers
horizontalement pour embarrer aussitôt que,
par le mouvement que l'on fait faire au treuil
en cédant doucement au poids, la mortaise
vide se présente à eux. Dès qu'ils ont embarré,

celui de droite commande : *Au secours :* alors les hommes qui remplissent cette fonction quittent les leviers d'en haut pour appuyer sur ceux d'en bas. On continue ainsi de manœuvrer en sens inverse, jusqu'à ce que le fardeau se trouve placé sur la voiture : après quoi, on dégarnit la chèvre, on la couche et on la reporte à l'emplacement qui lui est destiné, en prenant les mêmes précautions indiquées ci - devant pour l'apporter et la dresser.

On se sert encore de la chèvre équipée à haubans, c'est-à-dire, lorsqu'elle est soutenue par des cordages appelés ainsi, et en cabestan, lorsque pour la manœuvrer, on la couche à terre et qu'on la maintient par des piquets. La première de ces deux manières d'équiper la chèvre est employée lorsqu'il s'agit de monter un fardeau à une grande élévation, tel qu'une pièce de canon, d'un fossé profond sur un rempart ; la seconde, lorsqu'on a un fardeau à faire mouvoir horizontalement.

Pour ne pas trop étendre cette instruction, on n'entrera point ici dans le détail relatif à ces deux manières d'équiper et de manœuvrer la chèvre : on se bornera à indiquer aux élèves qui voudraient se le procurer, l'Aide-Mémoire à l'usage des officiers d'artillerie, déjà cité (1), où ils trouveront d'ailleurs

---

(1) 2 vol. in-8.º, chez Magimel. Prix 9 fr.

les renseignemens qu'ils pourront désirer sur le service de l'artillerie en général.

---

## Nomenclature des parties des différentes bouches à feu, d'un affût et avant-train de bataille.

### DU CANON.

Le bouton de culasse.

Le cul-de-lampe ou culasse.

La hausse adaptée à la culasse, sa tige graduée, sa vis de pression, la plaque, quatre vis.

La plate-bande de culasse.

Le grain de lumière et la lumière.

Le premier renfort.

La plate-bande du premier renfort.

Le second renfort.

Les anses.

Les embases.

Les tourillons.

La plate-bande du second renfort.

La volée.

L'astragale.

Le collet.

Le bourrelet.

Le parement.

La bouche.
L'ame.

## DE L'OBUSIER.

Le bouton de culasse.
Le cul-de-lampe.
Plinthe ou plate-bande de culasse.
La culasse.
La lumière.
Le renfort.
Les ansés.
Les embases.
Les tourillons.
La volée.
La plate-bande de volée.
Le parement.
La bouche.
L'ame.
La chambre.

## DU MORTIER.

Les tourillons et leurs embases.
Le bassinet.
La lumière.
Le renfort.
La volée.
L'anse.
Le parement.
La bouche.
L'ame.
La chambre.

4

## DE L'AFFUT D'UNE PIÈCE DE BATAILLE.

Deux flasques.

Trois entre-toises, une volée, une de support, une de lunette.

Deux roues.

Une semelle, adaptée à l'entre-toise de volée par une charnière.

### *Ferrures.*

Deux sous-bandes fortes avec encastrement des tourillons.

Deux recouvremens de la tête d'affût.

Deux recouvremens au talon des flasques.

Deux susbandes, leurs chaînettes et leurs crampons.

Deux clavettes, leurs chaînettes et leurs crampons.

Quatre chevilles à tête ronde avec leurs écrous.

Deux chevilles à tête plate (quatre aux affûts de 8 et de 12) avec leurs écrous.

Deux chevilles à mantonnet (quatre aux affûts de 8 et de 12) avec leurs écrous.

Deux bandes d'essieu.

Quatre boutons d'assemblage et leurs rosettes.

Quatre liens de flasques.

Deux crochets de retraite placés à la tête d'affût.

Un anneau carré porte-levier.

Deux pitons portant l'anneau carré.

Un crochet à tête plate pour porter le petit bout des leviers.

Une clef, sa chaînette et son crampon.

Un crochet à pointe droite pour placer l'écouvillon.

Un étrier à tourniquet pour porter l'écouvillon.

Un crochet de seau.

Deux crapaudines tenues par quatre boulons rivés.

Une vis de pointage.

Une manivelle.

Un écrou en cuivre pour la vis de pointage.

Deux doubles crochets de retraite placés à la crosse.

Une lunette.

Une contre-lunette.

Un anneau d'embrelage et son piton contre-rivé.

Un bouton de lunette contre-rivé.

Quatre anneaux de pointage, deux grands et deux petits.

Deux anneaux de manœuvre placés au cintre de mire,

Deux plaques pour l'appui des roues.

Deux plaques de frottement de sassoire.

5

Une chaîne d'enrayage.
Un crochet porte-chaîne.

### Semelle.

Un bandeau de semelle.
Une calotte pour la vis de pointage.
Une plaque à chanfrein.
Une charnière.
Un boulon pour la charnière.

### Essieu et accessoires.

Le corps de l'essieu.
Les deux fusées.
Les yeux des fusées.
Deux rondelles servant d'épaulement à la roue.
Deux flottes à crochet.

### Des roues.

Un moyeu ayant le petit bout, le gros bout, le bouge, six jantes.
Douze rais. Le rais a le corps, la plate qui entre dans le bouge, la broche qui entre dans la jante.
Six goujons d'assemblage.

### Ferrures d'une roue.

Six bandes.
Deux frettes.

Deux liens.
Six clous rivés.
Soixante clous de bande.
Une boîte en cuivre,
Des caboches pour assujétir les liens.

## PARTIES DE L'AVANT-TRAIN POUR PIÈCES DE BATAILLE.

Un timon.
Deux armons.
Une sellette.
Un corps d'essieu en bois.
Une sassoire.
Une volée fixe et mobile.
Quatre palonniers.
Un essieu en fer.
Deux roues.

*Ferrures de l'avant-train.*

Une chape à virole pour le dessous du timon.
Une happe à crochet pour le dessus du timon.
Un anneau d'attelage avec son crampon.
Deux chaînes d'attelage.
Un clou rivé au gros bout du timon.
Une frette d'armon.
Deux boulons de volée.

6

Deux boulons d'assemblage pour les armons.

Une pièce d'armons.

Quatre lamettes à la volée fixe, deux à la volée mobile, deux à chaque palonnier.

Une bride.

Une chaîne d'embrelage avec sa pale et son crochet.

Deux heurtequins à patte.

Deux étriers avec brides et écrous.

Une coiffe de selette.

Une cheville ouvrière.

Un brabant à fourche.

Une bande de sassoire.

Deux anneaux à pitons pour la prolonge.

Deux équerres au bout des armons.

### De l'essieu et des roues.

L'essieu est en fer comme celui de l'affût.

Les roues n'ont que cinq jantes, dix raies, cinq clous rivés, cinq goujons, cinq bandes et cinquante clous de bande : le surplus comme aux roues d'affût.

### Du coffret.

Les pignons en bois d'orme.

Les cases en bois de sapin ou d'orme blanc.

Deux bras attachés par deux étriers.

*Ferrures.*

La couverture en tôle.
Deux charnières.
Un moraillon et sa femelle.
Quatre équerres.
Un tourniquet et son boulon.
Deux étriers à bras du coffret.
Quatre boutons qui traversent le bras.
Une double équerre embrassant le dessous du coffret.

*Du levier de pointage.*

Le petit bout, le gros bout, le corps du levier.
Un anneau à patte au petit bout.
Un arrêtoir.
Une virole au gros bout.

*Du seau d'affût.*

Le seau est composé de dix à douze douves de bois de chêne; son diamètre supérieur est de $0^m,244$ ( 9 pouces ) , l'inférieur est de $0^m,203$ (7 pouces 6 lignes ).
Un tampon.
Une anse à piton avec un anneau pour l'accrocher.
Deux pattes à piton pour porter l'anse.
Trois cerclés.

*Noms des principales parties de l'affût de siége, de place, de côte et de mortier.*

### AFFUT DE SIÉGE.

Deux flasques.

Quatre entre-toises, une de volée, une de mire, une de support, une de lunette.

Une semelle.

Une vis de pointage.

Un écrou en cuivre fixé à la semelle par deux boulons.

Un essieu de bois.

Deux roues.

### AFFUT DE PLACE.

Deux flasques.

Deux entre-toises.

Une semelle.

Deux supports.

Un écrou en cuivre.

Une vis de pointage.

Un essieu en bois.

Deux roues.

Une roulette de fer coulé.

### CHASSIS DE PLATE-FORME DE PLACE.

Deux côtés du châssis.

Un heurtoir.

Un lisoir percé d'un trou pour la cheville ouvrière.

Trois entre-toises.

Un auget pour la roulette.

Un coussinet d'auget pour élever le canonnier.

Une cheville ouvrière.

### AFFUT DE COTE.

Deux flasques.

Deux entre-toises.

Un gros rouleau.

Un petit rouleau.

Une semelle.

Un écrou.

Une vis de pointage.

### GRAND CHASSIS DE PLATE-FORME DE COTE.

Deux côtés.

Une entre-toise de devant percée d'un trou pour la cheville ouvrière.

Une entre-toise du milieu.

Deux entre-toises du derrière.

Deux roulettes.

Une cheville ouvrière.

### PETIT CHASSIS DE PLATE-FORME DE COTE.

Deux côtés.

Une entre-toise du milieu percée d'un trou pour recevoir la cheville ouvrière.

Deux entre-toises des côtés.

## AFFUT DE MORTIER.

Deux flasques de fer coulé.
Deux entre-toises en bois.
Trois boulons d'assemblage.
Un coussinet.
Deux boulons à tenons de manœuvre.
Un coin de mire.

---

# ARTIFICES.

---

### DES CARTOUCHES A FUSIL.

On fait des cartouches à fusil de deux espèces : à balles pour la guerre, à poudre
pour l'exercice des troupes.

Un atelier pour la construction des cartouches d'infanterie est composé de onze
hommes.

Savoir :

1 Pour couper le papier.
6 Pour rouler les cartouches.
2 Pour les remplir.
2 Pour les empaqueter.

Il faut deux tables par atelier, l'une ayant
vers ses bords et de distance à autre, des
petites cavités sphériques peu profondes. Elle
sert à rouler les cartouches et à les empa-

queter ; l'autre à rebords, sur laquelle on les remplit.

L'instrument qui sert à rouler les cartouches se nomme *mandrin*. C'est un cylindre terminé d'un bout en portion de sphère concave pour recevoir la balle, de l'autre en portion de sphère convexe. Sa hauteur est de 0<sup>m</sup>,189 ( 7 pouces ), et son diamètre de 0<sup>m</sup>,015 (6 lignes 9 points ).

On remplit les cartouches avec des petites mesures en cuivre qui ont la forme d'un cône tronqué avec une anse ; elles contiennent la quatre-vingt-deuxième partie du kilogramme de poudre ( 40<sup>e</sup> de la livre ).

### *Manière de couper le papier.*

On suppose que la feuille du papier qu'on emploie a 0<sup>m</sup>,433 ( 16 pouces ) de hauteur , et 0<sup>m</sup>,352 ( 13 pouces ) de largeur ; elle fournit douze cartouches.

Coupez la feuille en trois parties égales suivant la largeur et ces parties en deux autres. Coupez encore ces dernières suivant une diagonale dans la largeur, qui fasse de chacune deux trapèzes égaux dont la hauteur sera de 0<sup>m</sup>,144 ( 5 pouces 4 lignes ) ou le tiers de la hauteur de la feuille entière, et dont les côtés parallèles auront , le plus grand ; 0<sup>m</sup>,101 ( 3 pouces 9 lignes ), et le plus petit 0<sup>m</sup>,070 ( 2 pouces 7 lignes ).

*Manière de rouler les cartouches.*

Placez le papier de manière que le côté perpendiculaire aux petits côtés du trapèze soit tourné vers vous, et le plus grand de ces derniers côtés à votre gauche ; posez le mandrin sur le papier de la main droite parallèlement au côté qui est vers vous, partageant également le côté de droite ; placez la balle dans la cavité du mandrin de la main gauche, laissant entre elle et le côté de gauche $0^m,010$ ( 4 à 5 lignes ) environ ; maintenez le mandrin et la balle dans cette position, tandis qu'avec les deux pouces vous relevez le côté qui est vers vous pour les envelopper ; le mandrin et la balle recouverts et contenus par le papier, glissez les doigts à droite et à gauche pour qu'il ne fasse point de pli ; achevez de rouler avec le plat de la main droite ; prenez le mandrin de cette main en maintenant le papier pour qu'il ne se déroule pas ; tenez-le verticalement, la balle en haut et avec le papier qui excède la balle ; recouvrez-la de quatre plis bien égaux, le premier devant assujétir l'angle aigu du trapèze. La balle étant recouverte, appuyez-la dans une des cavités de la table pour froisser le pli et donner à la cartouche la solidité nécessaire.

*Pour remplir les cartouches.*

On les dispose dans un tambour ou dans un vase quelconque, l'ouverture en haut; on verse dans chacune la quantité de poudre que contient la mesure; on ferme la cartouche avec le papier qui excède la poudre en formant deux plis, observant de ne point faire le premier trop près de la poudre, pour que la cartouche ne se déchire pas en la mettant en paquet, et que le second pli étant fait, l'excédent du papier se trouve couché sur la cartouche même.

*Pour empaqueter les cartouches.*

On les range par cinq l'une à côté de l'autre, la balle tournée alternativement de chaque côté; on met un second rang sur le premier; un troisième sur le second, disposé de la même manière; on enveloppe le tout dans une demi-feuille de papier, et on lie le paquet avec de la ficelle.

Les cartouches à poudre se font avec des mandrins arrondis des deux bouts, dont le diamètre est le même ou un peu plus petit que celui des mandrins pour cartouches à balle; on les remplit d'une quantité de poudre un peu moindre que celle-ci, qui en porte le nombre de 90 à 95 au kilogramme.

## DES GARGOUSSES.

On appelle gargousse un sachet de papier ou de serge destiné à contenir la charge de poudre d'un canon, d'un obusier, d'un mortier, etc.; elle a encore la même dénomination quand le sachet contient cette charge.

On se sert pour la construction des gargousses en papier de mandrins de bois lisse, parfaitement cylindriques; leur diamètre doit avoir $0^m,012$ ( 5 à 6 lignes ) de moins que celui du calibre pour lequel les gargousses sont préparées; ils doivent excéder en hauteur celle du papier, et être terminés à l'une des extrémités par une base plane, perpendiculaire aux côtés du cylindre, et de l'autre par un bouton ou poignée, et percés suivant l'axe d'un trou de $0^m,007$ (3 lignes) de diamètre.

Le papier qu'on emploie pour gargousses doit être de l'espèce appelée gris collé, et avoir les dimensions relatives au calibre, et à la quantité de poudre que doivent contenir ces gargousses.

### *Manière de préparer les gargousses.*

Coupez le papier à l'un des ses côtés, suivant la hauteur, en franges de $0^m,009$ ( 4 lignes) de hauteur et de profondeur; disposez-le sur une table, par six feuilles ou un plus grand nombre posées les unes sur les autres, de manière que la seconde feuille placée sur la première, on voie de celle-ci la partie coupée en frange, et une bande à droite de 0$^m$,009 ( 4 lignes) de hauteur ; placez la troisième feuille sur la seconde , comme celle-ci sur la première , et ainsi successivement.

Cette disposition faite, on enduit de colle de fine farine la partie de chaque feuille coupée en franges et celle de 0$^m$,009 ( 4 lignes ), qui est à droite.

Posez le mandrin sur la feuille supérieure perpendiculairement au côté coupé en franges, laissant au-delà du mandrin la partie enduite de colle ; enveloppez-le avec la partie de la feuille qui est à gauche ; achevez de rouler jusqu'à ce que la bande de droite se trouve collée ; passez les mains sur cette bande pour que le papier ne fasse point de pli ; relevez le mandrin verticalement , le bouton appuyé sur la table ; placez sur la base du cylindre un culot fait avec le même papier , dont le diamètre soit égal à celui du mandrin, et recouvrez-le avec les franges collées ; et la gargousse alors se trouvera faite.

Pour sortir le mandrin de la gargousse, il faut introduire de l'air dans l'intérieur en soufflant par le trou du mandrin : sans cette précaution , l'air extérieur pressant le culot de son poids , détache les franges du culot ;

la gargousse alors est imparfaite et souvent hors de service.

La serge qu'on emploie pour gargousses, doit être d'un tissu serré et croisé, pour que la poudre ne tamise pas ; on la coupe carrément de la longueur et de la largeur convenables ; on la coud pour en former un cylindre, et on ferme le sachet avec un culot de même étoffe.

La gargousse de serge étant cousue, doit avoir un diamètre de 0<sup>m</sup>,023 (8 à 10 lignes) de moins que celui du calibre auquel elle est destinée.

## DES CARTOUCHES.

Il y a deux espèces de cartouches pour l'approvisionnement des pièces de bataille : l'une à boulet, composée d'une gargousse de serge à laquelle est attaché un boulet ensaboté ; l'autre, à balles, est une boîte cylindrique de fer-blanc, fermée à l'une de ses bases par un culot de fer, et contenant un certain nombre de balles de fer battu ; elle est recouverte par un couvercle de fer-blanc et n'est point attachée à la gargousse comme celle à boulet.

Les sabots pour cartouches à boulet sont des cylindres de bois blanc creusés pour recevoir le boulet qui y est attaché par deux bandelettes de fer-blanc, croisées perpendiculairement et clouées au bas du sabot avec huit petits clous ; les sabots ont une rainure pour la ligature de la gargousse.

On attache la gargousse au boulet ensabotté en faisant entrer le sabot dans la partie du sachet qui reste vide au-dessus de la poudre; on fixe l'un à l'autre par trois ligatures faites avec de la bonne ficelle fine ; la première au-dessus du sabot, les deux autres à la rainure et à $0^m,007$ ( 3 lignes ) du sabot sur une bande de parchemin mouillée, de $0^m,061$ ( 2 pouces 3 lignes ) de largeur, qui entoure la partie correspondante du sachet.

On trouvera ci-après dans deux tables extraites de l'Aide-Mémoire à l'usage des officiers d'artillerie, les dimensions et la composition de ces deux espèces de cartouches. *Voyez* le tableau n.° V.

## DES ÉTOUPILLES.

L'étoupille ou fusée d'amorce est un roseau rempli d'une composition vive, auquel on attache une mèche préparée ; elle sert d'amorce pour les pièces de bataille, les mortiers et les obusiers.

Les roseaux dont on se sert pour étoupilles croissent dans les étangs ou marais ; ils doivent être recueillis en automne. On les coupe de $0^m,081$ ( 2 à 3 pouces de longueur ). On les nettoie intérieurement en y faisant passer

un fil de fer ou une grosse aiguille à tricoter.

La mèche que l'on attache à la fusée d'a-
morce est faite avec cinq brins de coton filé,
uni et sans nœuds ; sa préparation consiste à
la faire infuser pendant douze heures dans de
la bonne eau-de-vie mêlée avec un peu de
salpêtre, à la rouler ensuite dans du pulvérin (1) humecté d'eau-de-vie mêlée avec de
la gomme arabique dissoute à l'eau ; à la passer
légèrement et à plusieurs reprises entre les
doigts, pour qu'elle soit imbibée également
de cette pâte, et à la faire sécher à l'ombre.

La composition de la fusée d'amorce est
faite avec douze parties de pulvérin, quatre
de salpêtre, deux de soufre et trois de char-
bon ; ces matières doivent être passées séparément au tamis de soie et mélangées ensuite
pour en faire une pâte avec de la bonne eau-
de-vie ou de l'esprit-de-vin.

Pour charger les roseaux, on les met en
paquets de 20 à 25 ; on agite chaque paquet
en divers sens dans la composition, et de
cette manière on la fait entrer dans les roseaux : quand ils en sont remplis, on les perce
avec une fine aiguille à tricoter avant que la
pâte soit tout-à-fait sèche.

On achève la préparation de l'étoupille en

_______________

(1) Poudre égrugée et passée au tamis de soie.

coupant

coupant en sifflet un des bouts du roseau, et en faisant à l'autre bout deux petites échancrures pour y attacher un bout de mèche de $0^m,162$ (6 pouces) de long, plié en trois et lié avec du fil; on les met alors en paquets de 10, enveloppés dans du papier.

### DES LANCES A FEU.

La lance à feu est un cartouche (1) cylindrique, fait avec du bon papier roulé sur une baguette de fer de $0^m,487$ (18 pouces) de longueur, sur $0^m,016$ (7 lignes) de diamètre, lequel est rempli d'une composition qui brûle lentement et qui s'éteint difficilement.

Le papier qu'on emploie pour le cartouche des lances à feu doit avoir environ $0^m,433$ (16 pouces) de hauteur, coupé carrément, et de largeur à faire sept à huit révolutions autour de la baguette.

On roule ce cartouche en plaçant la baguette suivant la longueur du papier, aux deux tiers environ de la largeur; on recouvre la baguette avec le tiers restant; on presse le papier sur la baguette, et lorsque le pli est engagé en dessous, on achève avec une var-

---

(1) Cartouche est ici au masculin.

*Inst. d'art.*      7

loppe (1) de rouler le cartouche ; on enduit de colle o^m,009 (4 lignes) environ de la partie extrême du papier ; on roule de nouveau avec la varloppe, pour que le papier ne fasse point de pli ; on retire la baguette, et lorsque le cartouche est sec, on l'étrangle avec de la ficelle à l'un de ses bouts.

La composition ordinaire pour les lances à feu est faite de quatre parties de pulvérin, seize de salpètre et huit de soufre : ces matières sont passées séparément au tamis de soie et ensuite parfaitement mélangées ; on humecte le mélange avec de la bonne eau-de-vie ou de l'esprit-de-vin et un peu d'eau gommée.

Pour charger les lances à feu, on se sert d'une petite lanterne de même calibre que le cartouche, avec laquelle on y introduit la composition par petites quantités ; on affermit chacune de ces charges par 15 à 20 pressions que l'on fait d'abord avec une baguette de 18 pouces, ensuite avec une de 14 pouces, toutes deux de o^m,013 (5 à 6 lignes) de diamètre. Lorsque le cartouche est presque rempli, on place un bout de mèche d'étoupille dans le vide restant ; on l'assujétit en

---

(1) Planche ayant une poignée ; elle a o^m, 487 ( 15 à 18 pouces de longueur sur o^m, 406 ( 15 pouces de largeur ).

remplissant ce vide avec de la pâte de fusée d'amorce, de manière que la mèche dépasse de quelques lignes seulement : alors la lance à feu est complétement chargée.

Lorsque les lances à feu ainsi préparées sont bien sèches, on les met en paquets de dix, liés avec de la ficelle fine et recouverts avec une feuille de grand papier.

DES FUSÉES A BOMBES ET A OBUS.

Les fusées à bombes et à obus sont tournées et faites avec du bois de tilleul bien sec, percées pour être remplies d'une composition qui brûle lentement.

Il y a des fusées de trois grandeurs, qu'on distingue par n.os : celles du n.o 1 sont pour les bombes de 12 et de 10 pouces ; celles du n.o 2 pour les bombes et obus de 8 pouces ; celles du n.o 3 pour les obus de 6 pouces.

On trouvera à la suite de cette instruction une table extraite de l'Aide-Mémoire, sur les dimensions de ces fusées.

La composition dont on les remplit, varie suivant qu'on veut qu'elle soit plus ou moins vive. Celle usitée est faite de cinq parties de pulvérin, trois de salpêtre et deux de soufre ; ces substances sont passées séparément au tamis de soie, mélangées ensuite parfaitement en les passant une ou deux fois au tamis de crin.

On charge les fusées, comme les lances à feu, avec une petite lanterne dont on se sert pour introduire la composition dans le canal par petites quantités à la fois ; on affermit chacune de ces charges avec une baguette de cuivre d'un diamètre convenable à celui du canal, en frappant d'un petit maillet 12 à 15 coups.

Le canal étant rempli à $0^m,009$ (4 lignes) près, on amorce la fusée avec un brin de mèche à étoupille plié en deux, qu'on assujétit en achevant de remplir le canal de composition bien battue ; on coiffe ensuite la tête de la fusée d'un papier lié.

La fusée étant ainsi préparée, il reste au petit bout un massif de bois, dont la hauteur est indiquée par une rainure extérieure. On ôte ce massif, et on coupe le petit bout en sifflet avant de s'en servir ; alors on introduit la fusée dans l'œil de la bombe, et avec un instrument de bois dur appelé chasse-fusée, dont un des bouts creusés s'applique sur la tête de la fusée ; on la fait entrer de force et à coups de maillet.

Les fusées à grenades, dont on trouvera les dimensions dans la table ci-après, sont faites et sont chargées comme celles à bombes et à obus.

# APPROVISIONNEMENT

## DES PIÈCES DE BATAILLE.

Les munitions, les attirails et armemens nécessaires sont transportés à la guerre dans des voitures appelées caissons, disposés intérieurement à cet effet pour chaque calibre.

Une pièce de 12 a ordinairement trois caissons à sa suite.

Une pièce de 8 en a deux.

Une pièce de 6, *id*.

Une pièce de 4 en a un.

Un obusier de 6 pouces en a trois.

## CHARGEMENT DU CAISSON ET DU COFFRET DE 12.

Le caisson de 12 contient :

| | | |
|---|---|---|
| Cartouches à boulets, | 48 ) | |
| ————— à grosses balles, | 12 } | 68 |
| ————— à petites balles, | 8 ) | |
| Étoupilles, | | 99 |
| Lances à feu, | | 11 |
| Sachets remplis de poudre, | | 22 |
| Mèche, | | 24 mèt. |

Dans l'un des trois caissons on place dix bricoles, trois sacs à charge, un sac à étoupilles, un étui à lances, trois dégorgeoirs, dont deux ordinaires et un à vrille, deux porte-lances, deux doigtiers, deux spatules pour bourrer les étoupes.

Le coffret de 12 contient :

| | |
|---|---|
| Cartouches à boulets, | 9 |
| Etoupilles, | 12 |
| Lances à feu, | 2 |
| Mèche, | 1 mèt. |

## CHARGEMENT DU CAISSON ET DU COFFRET DE 8.

Le caisson de 8 contient :

Cartouches à boulets,        62 ⎫
———————— à grosses balles, 10 ⎬  92
———————— à petites balles, 20 ⎭

| | |
|---|---|
| Etoupilles, | 122 |
| Lances à feu, | 16 |
| Sachets remplis de poudre, | 30 |
| Mèche, | 24 mèt. |

Dans l'un des deux caissons on place dix bricoles, trois sacs à charge, un sac à étoupilles, un étui à lances, trois dégorgeoirs, dont deux ordinaires et un à vrille, deux porte-lances, deux doigtiers, deux spatules pour bourrer les étoupes.

Le coffret de la pièce de 8 contient :

| | |
|---|---|
| Cartouches à boulets. | 15 |
| Etoupilles. | 20 |
| Lances à feu. | 3 |
| Mèche. | 1 mèt. |

## CHARGEMENT DU CAISSON ET DU COFFRET DE 6.

Le caisson de 6 contient :
Cartouches à boulets.
——————— à grosses balles.
——————— à petites balles.
Etoupilles.
Lances à feu.
Sachets remplis de poudre.
Mèche.                                      24 mèt.

Dans le caisson de 6 on place dix bricoles, trois sacs à charge, un sac à étoupilles, un étui à lances, trois dégorgeoirs, dont deux ordinaires et un à vrille, deux porte-lances, deux doigtiers, deux spatules pour bourrer les étoupes.

Le coffret de la pièce de 6 contient :
Cartouches à boulets.
Etoupilles.
Lances à feu.
Mèche.                                      1 mèt.

## CHARGEMENT DU CAISSON ET DU COFFRET DE 4.

Le caisson de 4 contient :
Cartouches à boulets,        100 )
——————— à grosses balles,  26 }  150
——————— à petites balles,  24 )
Etoupilles.                                 200
Lances à feu.                               25

Sachets à poudre,                      20
Mèche,                              24 mèt.

On place dans ce caisson six bricoles, deux sacs à charge, un à étoupilles, un étui à lances, trois dégorgeoirs, dont deux ordinaires et un à vrille, deux porte-lances, deux doigtiers, deux spatules pour bourrer les étoupes.

Le coffret de 4 contient :

Cartouches à boulets,                  18
Étoupilles,                            24
Lances à feu,                           3
Mèche,                              1 mèt.

## CHARGEMENT DU CAISSON ET DU COFFRET D'OBUSIER DE 6 POUCES.

Le caisson d'obusier contient :

Obus chargés,                          49
Cartouches à balles,                    3
Étoupilles,                            70
Lances à feu,                           9
Sachets remplis de poudre,             52
Mèche,                              24 mèt.

Dans l'un des trois caissons on met dix bricoles, trois sacs à charge, un sac à étoupilles, un étui à lances, deux dégorgeoirs, dont deux ordinaires et un à vrille, deux porte-lances, deux doigtiers, un entonnoir, une mesure d'une livre, une mesure d'un quart de livre, quatre chasse-fusées, deux maillets, deux cents éclisses, deux manchettes de bombardier, deux spatules pour bourrer les étoupes.

Le coffret de l'obusier contient :

| | |
|---|---|
| Cartouches à balles, | 4 |
| Étoupilles, | 6 |
| Lances à feu, | 1 |
| Sachets, | 4 |
| Mèche, | 1 mèt. |

Les cartouches à fusil se transportent dans des caissons de 12 et de 4 ; ceux de 12, destinés à ce service contiennent 15935 cartouches : ils restent au parc et servent de magasin ; ceux de 4 en contiennent 15935 et 1500 pierres à fusil : ils sont à la suite de l'infanterie.

# DIMENSIONS

*De la batterie existante en 1806 au polygone de l'École Militaire.*

(Voyez le Tableau N.º VII.)

## CONSTRUCTIONS DES PLATES-FORMES.

### DIMENSIONS DES BOIS DE PLATE-FORME.

(Voyez le tableau N.º VIII.)

### PLATE-FORME DE SIÉGE.

Le heurtoir est placé de niveau et le plus près possible de l'épaulement, à 1,ᵐ192

5

( 3 pieds 8 pouces ) au dessous de la genouil-
lière, perpendiculairement à la directrice (1),
son milieu dans le plan vertical, passant par
cette ligne : il est maintenu dans cette position par deux piquets placés à ses extrémités.

Les gîtes sont placés dans des rigoles bien
damées parallèlement entr'eux et dans un
même plan, appuyés perpendiculairement au
heurtoir ; celui du milieu dans le prolongement de la directrice ; les deux autres éloignées de cette ligne de $0^m,812$ ( 2 pieds
6 pouces ), mesure prise de leur milieu; ils
sont inclinés vers le coffre de $0^m,126$ ( 4
pouces 8 lignes) ; leur plan supérieur correspond au plan inférieur du heurtoir. Ils sont
affermis et maintenus avec de la terre bien
damée, dont les intervalles et les côtés sont
remplis à la hauteur de leur surface supérieure.

Les madriers sont placés sous les gîtes :
le premier, parallèlement et joignant le heurtoir, qu'il dépasse de $0^m,325$ ( 1 pied ) de
chaque côté ; le second, à côté du premier, et
ainsi successivement jusqu'au dernier, qui est
assujéti par deux forts piquets dont les têtes
sont enfoncées jusqu'à la hauteur des madriers ;
le derrière et les côtés sont garnis de terre
bien damée à $0^m,975$ ( 3 pieds ) , et à hau-

---

(1) La directrice est une ligne qui passe par le
milieu de l'embrâsure.

teur des madriers : au-delà est pratiqué une rigole inclinée en arrière, pour l'écoulement des eaux.

## PLATE-FORME DE PLACE.

Le contrelisoir est placé à 0<sup>m</sup>,650 (2 pieds) de l'épaulement, perpendiculairement à la directrice; son trou correspondant à cette ligne et son plan supérieur à 1<sup>m</sup>,570 (4 pieds 10 pouces) au-dessous de la genouillère. Le terrain sur lequel il est posé est affermi et de niveau; il est assujéti avec de la terre bien damée, à la hauteur de son plan supérieur.

Les trois poutrelles sont placées dans des rigoles bien damées, parallèlement entr'elles, leur plan supérieur dans un même plan, et ayant 0<sup>m</sup>,155 (5 pouces) de talus vers l'épaulement; les deux poutrelles sont logées dans les entrailles du contrelisoir; celle du milieu est appuyée au contrelisoir seulement. Elles sont maintenues avec de la terre bien damée dans les intervalles et sur les côtés à la hauteur de leur plan supérieur.

Le gîte cintré est placé sur les poutrelles, parallèlement et à 0<sup>m</sup>,189 (7 pouces) du derrière du contrelisoir, mesure prise du cintre.

Le premier gîte droit correspond à l'entre-

6

toise du milieu du châssis, et est éloigné du gîte cintré de 1^m,029 (3 pieds 2 pouces).

Le second gîte droit est placé à 0^m,137 (5 pouces) de l'entretoise du derrière du châssis.

Les trois gîtes sont contenus à chaque bout par trois piquets; leur intervalle est garni de terre bien damée, et les côtés de la plate-forme disposés en rigoles comme à la plate-forme de siége, pour que les eaux ne séjournent point dans la batterie.

Le châssis est placé sur la plate-forme; le trou du lisoir correspondant à celui du contre-lisoir est maintenu par la cheville ouvrière.

## PLATE-FORME DE CÔTE.

A 1^m,624 (5 pieds) au-dessous de la crête du parapet, le terrain est aplani, damé et mis de niveau; le petit châssis est posé sur ce terrain, parallèlement et à 0^m,108 (4 pouces) environ de l'épaulement, le trou de la cheville ouvrière correspondant au milieu de la plate-forme, maintenu dans cette position par six piquets.

La position des madriers circulaires est déterminée par un rayon de 3^m,804 (11 pieds 8 pouces 6 lignes) partant du trou du petit châssis et aboutissant au milieu des madriers. Ces madriers sont placés dans une rigole dont

les terres sont bien damées, leurs bouts
appuyés et cloués sur des plateaux ou bouts
de madriers; leur plan supérieur est de niveau
avec le terrain sur lequel est posé le petit
châssis; la surface entière de la plate-forme
est sur le même plan; les côtés sont disposés
en rigoles pour l'écoulement des eaux.

## PLATE-FORME DE MORTIERS (1).

Marquez la ligne de tir par de petits piquets, sur l'épaulement et dans l'intérieur de
la batterie à $0^m,108$ (4 pouces) au-dessous
du niveau que vous voulez donner au sol de
votre batterie; creusez trois rigoles équidis-
tantes, parallèles entr'elles, celle du milieu
sur la ligne de tir; qu'elles aient environ
$2^m,599$ ( 8 pieds ) de longueur, $0^m,271$
( 10 pouces) de largeur et de profondeur; que
leurs bords soient distans de $0^m,548$ ( 20
pouces ) et leurs bouts à $2^m,274$ ( 7 pieds )
de l'épaulement; placez les trois gîtes du
fond dans ces rigoles : le premier, partagé suivant sa longueur, en deux également par la
ligne de tir; les deux autres parallèles à celui-
ci, l'un à droite, l'autre à gauche; le milieu
de ces gîtes extrêmes à $0^m,812$ ( 2 pieds 6
pouces ) du milieu du gîte le premier placé.

_______

(1) Extrait de _l'Aide-Mémoire_, page 975.

Le bout des gîtes vers le coffre doit en être éloigné de 2$^m$,274 ( 7 pieds) pour tous les calibres : en général cette distance doit être de la hauteur intérieure de l'épaulement, à moins que faute d'obusiers, on ne tirât les mortiers sous un angle très-aigu ; auquel cas, il faudrait les éloigner de 2$^m$,924 (9 pieds) de l'épaulement, pour que le mortier placé sur le milieu de la plate-forme en fût lui-même à environ 3$^m$,898 ( 12 pieds ). Ces trois gîtes du fond ainsi établis bien parallèlement de niveau entr'eux dans toute leur longueur, remplissez de terre chaque rigole sans les déranger et damez fortement cette terre ; placez dessus les lambourdes de recouvrement perpendiculairement aux gîtes du fond, la première du côté de la batterie arrasant le bord des gîtes et se joignant entr'elles le plus exactement possible ; contenez ces lambourdes par quatre forts piquets; deux en avant de la plate-forme , deux en arrière.

Si on a suivi les dimensions pour le creusement des rigoles, la plate-forme dominera un peu le sol ; on mettra de la terre tout autour, qu'on damera bien, faisant un petit talus depuis le bord supérieur des lambourdes ; les plates-formes en seront plus au sec.

Donnez de l'écoulement aux eaux , en arrière et hors de la batterie dans tout le terrain qu'occupent les plates-formes.

## DES CHEVALETS.

A la gauche de chaque plate-forme et vers le milieu de l'intervalle qui se trouve entr'elles, placez deux chevalets distans entr'eux de 2$^m$,924 (9 pieds) pour les plate-formes à canon; 0$^m$,975 (3 pieds) pour les plate-formes à mortiers et à obusiers pour porter les armemens.

Chacun de ces chevalets est fait de deux piquets de 0$^m$,812 (2 pieds 6 pouces) de longueur, qu'on enfonce en terre d'environ 0$^m$,325 (1 pied) en sautoir, se coupant à angle droit, à peu près vers le milieu de la partie qui est hors de terre, et qu'on assujétit dans cette position en les liant fortement avec de la mèche dans l'endroit ou ils se croisent.

## DES PILES DE BOULETS.

L'emplacement sur lequel on veut établir une pile de boulets, de bombes ou d'obus, doit être mis de niveau, débarrassé des pierres qui pourraient s'y trouver, et le terrain, après avoir été bien affermi, rendu meuble à la superficie.

Cette disposition préalablement faite, on marque avec un cordeau la direction d'un des côtés de la base : si cette base doit être rectangulaire, on détermine le côté perpendiculaire à cette première direction avec une équerre, ou avec un cordeau duquel on aura fait un triangle rectangle.

On place d'abord un boulet à l'angle droit, qu'on assujétit à la hauteur qu'on veut donner à la base.

On place ensuite trois boulets ; deux sur les directions des côtés, le troisième dans l'intérieur de l'emplacement en des points quelconques, mais à des distances qui n'excèdent point la longueur de la règle qu'on a sous la main. Ces trois derniers boulets ainsi placés provisoirement sont mis de niveau avec celui qui est à l'angle; ce qui donne trois points de niveau pour chaque direction des côtés , sur lesquelles on range des boulets les uns à côté des autres, que l'on assujétit sur le terrain en frappant dessus à petits coups avec un obus emmanché d'un morceau de bois jusqu'à ce qu'ils se trouvent de niveau avec le boulet déja placé.

Pour mettre les boulets de niveau, on se sert d'une règle de 3 à 4 mètres de longueur et d'un niveau de maçon. A mesure qu'on place un boulet, on pose la règle de manière qu'elle porte en même temps sur ce boulet et sur celui qui est placé dans le prolongement des côtés, et avec le niveau dont on appuie les branches sur la règle, on voit s'il faut abaisser ou exhausser le boulet pour le mettre de niveau. Quand ce point d'élévation est trouvé, on vérifie son nivellement sur le boulet placé dans l'intérieur.

Cette opération doit avoir lieu pour chaque boulet dans les deux rangs qui déterminent les côtés jusqu'à une certaine distance de l'angle. On forme ensuite des rangs parallèles qu'on assujétit et qu'on nivelle pareillement jusqu'à ce que la base soit achevée.

Si la base doit être triangulaire, la direction étant déterminée pour l'un des côtés, celle des deux autres côtés se trouve naturellement, en plaçant un second rang parallèlement au premier, de manière que chaque boulet du second rang se joigne et s'appuie contre deux boulets du premier : chaque rang ainsi disposé à l'égard de celui qui le précède contient un boulet de moins ; le dernier rang n'en contenant plus qu'un, détermine le troisième angle de triangle équilatéral que doit former la base.

———

*Nota.* On avait inséré à la suite de l'article relatif aux piles de boulets, les formules algébriques dont on se sert ordinairement pour les calculer ; mais ayant appris qu'on rédigeait un Cours de mathématiques pour l'Ecole militaire dans lequel se trouveroient ces formules, on les a retranchées de la présente Instruction.

## FIN.

# TABLE DES ARTICLES

## CONTENUS

## DANS CETTE INSTRUCTION.

EXERCICE DES BOUCHES A FEU DE SIÉGE DE
PLACE ET DE CÔTE.



SERVICE DES MORTIERS.



MANOEUVRES DE FORCE,

FIN DE LA TABLE.

Instruction destinée aux troupes légères et aux officiers
qui servent dans les avant-postes, rédigée sur celle
de Frédéric II.                              1 fr. 20 c.
Décret impérial, portant réglement sur les revues et
sur la comptabilité des dépenses justifiées par les
revues; in-8, avec tous les tableaux et les instruc-
tions.                                            4 fr.
Cours de Mathématiques à l'usage de l'école spéciale
impériale militaire; in-8, avec planches.
Manuel de l'Artilleur, contenant tous les objets dont
la connoissance est nécessaire aux officiers et sous-
officiers d'artillerie; 5.e édition.               5 fr.
Aide-Mémoire à l'usage des officiers d'artillerie ; 3.°
édition, considérablement augmentée; 2 vol. petit
in-8.                                              9 fr.
Art de fabriquer le canon, par Monge; in-4., avec
64 planches.                                      24 fr.
Traité du lavis des plans, appliqué principalement aux
reconnoissances militaires : ouvrage fondé sur les
principes de l'art qui a pour objet l'imitation de la
nature, et où l'on enseigne à rendre avec toute
l'exactitude possible, sur de grandes échelles, un
terrain quelconque ; enrichi de fort belles planches,
par P. L. N. Lespinasse, an IX, in-8.             5 fr.
     Le même, in-4., pap. vél., fig. coloriées.  21 fr.
Élémens de topographie militaire, ou instruction détaillée sur la manière de lever à vue, et de dessiner
avec promptitude les cartes militaires; trad. de l'allemand, de Hayne ; in-8., avec planches.          6 fr.
Essai général de fortification, d'attaque et de défense
des places, ouvrage utile aux militaires de toutes les
les classes, par N. B. (Bousmard); Berlin, 1799;
4 vol. in-4., et un atlas.                        78 fr.
Mémoires politiques et militaires du général Lloyd,
suivis de l'histoire de la guerre dite de Sept ans;
3 vol. in 8. avec cartes.                         15 fr.
Histoire de la campagne de 1800 en Allemagne et en
Italie, par M. Bulow, officier prussien, auteur de
l'Esprit du Système de guerre moderne; suivi d'un
Précis de la même campagne en Suabe, Bavière et
Autriche, rédigé sur les lieux par un officier attaché
à l'état-major de l'armée impériale ; trad. de l'all. par
M. Sevelinges, in-8.                               5 fr.
Mémoires militaires sur les principaux événemens
arrivés depuis le traité de Campo-Formio, par
Ritchie, trad. par Henry; 2 v. in 8.             10 fr.

la main | par le troisième de gauche, ...
de | conduit l'avant-train en retraite.

EN

porte à
tion | ulasse.
s po | Prend la même position qu'au commandement : *A vos postes.*

| POSITIONS ET FONCTIONS DES HOMMES PLACÉS A LA GAUCHE DE LA PIÈCE. | | | | POSITIONS ET FONCTIONS DES HOMMES PLACÉS A LA DROITE DE LA PIÈCE. | | | |
|---|---|---|---|---|---|---|---|
| PREMIER SERVANT. | SECOND SERVANT. | CANONNIER. | TROISIÈME SERVANT. | PREMIER SERVANT. | SECOND SERVANT. | CANONNIER. | TROISIÈME SERVANT. |
| **EN ACTION.** | | | | | | | |
| Écarte la jambe droite, incline le corps sur cette partie, et tend la gauche. Au commandement : Chargez, il se relève sur la partie gauche, se porte à la bouche de la pièce par un pas du pied droit, qu'il pose à hauteur de l'astragale, assemble du gauche, place la charge, se retire à son poste par un mouvement contraire. | Lorsque la pièce est chargée et pointée, il se porte à la culasse par un pas du pied gauche, et, assemblant du droit, dégorge de la main droite, place l'étoupille de la gauche, se retire à son poste par un mouvement contraire, et fait le signal du feu. | Au commandement : Chargez, fait un pas du pied droit vers la crosse, se fend du gauche, saisit la manivelle de la main droite, bouche la lumière de la gauche, donne les degrés d'élévation à la pièce, et se retire à son poste, quand la pièce est chargée, par un mouvement contraire. | Se porte au coffret, reçoit les munitions du troisième de droite, et vient se placer à moitié de la distance de l'avant-train au coffret, pour être à portée de donner des munitions au premier servant, et de le remplacer au besoin. | Écarte la jambe gauche, incline le corps sur cette partie, et tend la droite. Au commandement : Chargez, se retire sur la partie droite, en étendant le bras droit de toute sa longueur; se porte à la pièce par un pas du pied gauche, qu'il pose à hauteur de l'astragale; se fend du droit environ 18 à 20 pouces, et, parallèlement à l'axe de la pièce, introduit son écouvillon et écouvillonne la pièce, retire son écouvillon, refoule la charge, et se retire à son poste par un mouvement contraire. | Porte le pied droit en avant, décroche le seau, le pose sous la fusée de l'essieu, allume sa lance, et se place ensuite en demi-à-gauche, tenant son boute-feu de la main droite, en dehors. Au signal du second servant de gauche, il met le feu à la pièce. | Par un pas du pied gauche, et se fendant du droit, se porte entre les leviers de pointage, les saisit des deux mains par le petit bout, dirige la pièce, se retire à son poste par un mouvement contraire, et fait le commandement : Chargez. | Se porte au coffret, donne les munitions au troisième de gauche, a soin que le coffret ne reste point ouvert sans nécessité. |
| **A VOS POSTES.** | | | | | | | |
| Se relève sur la partie gauche. | Ne bouge. | Ne bouge. | Reprend son poste à hauteur du bout du timon. | Se relève sur la partie droite. | Éteint sa lance, accroche le seau par un mouvement contraire, et reprend son poste. | Ne bouge. | Reprend son poste à hauteur du bouton du timon. |
| **EN AVANT.** | | | | | | | |
| Accroche sa bricole de la main droite au crochet de la tête d'affût. | Accroche sa bricole de la main droite à la flotte du crochet. | Se porte au levier de pointage de gauche, le saisit des deux mains, et soulève la crosse. | Se porte derrière l'avant-train pour aider le troisième de droite à le conduire en avant. | Tient son écouvillon de la main droite horizontalement, accroche sa bricole de la main gauche au crochet de la tête d'affût. | Tient son boute-feu de la main droite, accroche sa bricole de la main gauche à la flotte du crochet. | Se porte au levier de pointage de droite, le saisit des deux mains, et soulève la crosse. | Saisit le bout du timon, aidé par le troisième de gauche; il conduit l'avant-train en avant. |
| **EN RETRAITE.** | | | | | | | |
| Accroche sa bricole de la main gauche à la flotte à crochet. | Accroche sa bricole de la main gauche au double crochet de retraite. | Se porte au levier de pointage de gauche, le saisit de la main gauche, et soulève la crosse. | Se place à l'avant-train de manière à aider le troisième de droite à le conduire en retraite. | Tient son écouvillon de la main gauche horizontalement, accroche sa bricole de la main droite à la flotte à crochet. | Tient son boute-feu de la main gauche, accroche sa bricole de la main droite au double crochet de retraite. | Se porte au levier de pointage de droite, le saisit de la main droite et soulève la crosse. | Se saisit du bout du timon, aidé par le troisième de gauche; il conduit l'avant-train en retraite. |
| **EN PARADE.** | | | | | | | |
| Fait face en avant par un à-gauche. | Par un à-gauche, se porte à hauteur de la fusée de l'essieu. | Fait à-gauche, et se porte à hauteur du bouton de culasse. | Prend la même position qu'au commandement : A vos postes. | Fait à droite, portant son écouvillon horizontalement de la main droite, la brosse en avant. | Fait à droite, se porte à hauteur de la fusée de l'essieu, tenant son boute-feu de la main droite. | Fait à droite, et se porte à hauteur du bouton de culasse. | Prend la même position qu'au commandement : A vos postes. |

| POSITIONS ET FONCTIONS DES HOMMES PLACÉS A LA GAUCHE DE L'OBUSIER. | | | | | | POSITIONS ET FONCTIONS DES HOMMES PLACÉS A LA DROITE DE L'OBUSIER. | | | | | |
|---|---|---|---|---|---|---|---|---|---|---|---|
| PREMIER SERVANT. | SECOND SERVANT. | BOMBARDIER. | TROISIÈME SERVANT. | QUATRIÈME SERVANT. | CINQUIÈME SERVANT. | PREMIER SERVANT. | SECOND SERVANT. | BOMBARDIER. | TROISIÈME SERVANT. | QUATRIÈME SERVANT. | CINQUIÈME SERVANT. |
| **EN ACTION.** | | | | | | | | | | | |
| Écarte la jambe droite, incline le corps sur cette partie, et tend la gauche. Au commandement, *chargez*, il se relève sur la bouche de l'obusier par un pas du pied droit, qu'il place à hauteur du parement de l'obusier, assemble du gauche, fait un à-droite de corps pour recevoir la charge du troisième servant, la place dans la chambre avec la main gauche, fait ensuite un à-gauche de corps, reçoit l'obus du quatrième servant, le place dans l'obusier, de manière que la fusée se trouve dans la direction de l'axe de l'obusier; après quoi, il se retire à son poste par un mouvement contraire. | Il pousse les leviers de support vers la droite, pour se donner la facilité de se porter à la culasse. Lorsque l'obusier est chargé et pointé, il fait un pas du pied gauche en avant, assemble du droit, dégorge de la main droite, place l'étoupille de la gauche, se retire à son poste par un mouvement contraire, et fait le signal au deuxième servant de droite de mettre le feu. | Ne bouge. Au commandement, *chargez*, il fait un pas du pied droit vers la crosse, se fend du gauche, saisit la manivelle de la vis de pointage de la main droite, bouche la lumière avec le second doigt de la main gauche, donne les degrés d'élévation à l'obusier, et se retire à son poste, après qu'il est chargé et pointé, par un mouvement contraire. | Pourvoyeur de l'obusier, il va au coffret ou au caisson pour y prendre des munitions; il vient ensuite rapidement se placer derrière et à portée du premier servant de gauche, pour lui donner les munitions. | Pourvoyeur de l'obusier, il va au coffret ou au caisson pour y prendre un obus; il vient ensuite rapidement se placer derrière et à portée du premier servant de gauche, pour être à portée de lui donner l'obus. | Alterne avec le quatrième servant pour aller prendre les obus au caisson, et les porter au premier servant de gauche. | Écarte la jambe gauche, incline le corps sur la main droite, le pose sous la fusée de l'essieu, allume sa lance, élève sur la partie droite, étendant le bras droit de toute sa longueur, pour avoir la facilité de passer son écouvillon près de la roue; se porte à la bouche de l'obusier par un pas du pied gauche qu'il pose à hauteur du parement de l'obusier, se fend de la jambe droite, parallèlement à la direction de l'axe de l'obusier, introduit son écouvillon dans la chambre, écouvillonne, retire son écouvillon, le change en refouloir, refoule la charge, et se retire ensuite à son poste par un mouvement contraire, en faisant tourner son écouvillon dans la main droite, et le recevant de la gauche près de la brosse, les ongles en dessous. | Porte le pied droit en avant, décroche le sceau de la main droite, le pose sous la fusée de l'essieu, et se place en demi à-gauche, tenant son boute-feu de la main droite, se retire à son poste en dehors. Au signal du second servant de gauche, il met le feu à l'obusier. | Par un grand pas du pied gauche, et se fendant du droit, se porte entre les leviers de pointage, qu'il saisit des deux mains par le petit bout, dirige l'obusier, se retire à son poste par un mouvement contraire, et fait le commandement: *Chargez*. | Ne bouge. | Ne bouge. | Ne bouge. |
| **A VOS POSTES.** | | | | | | | | | | | |
| Se relève sur la partie gauche. | Ne bouge. | Ne bouge. | Reprend son poste. | Retourne à son poste. | Retourne à son poste. | Se relève sur la partie droite. | Eteint sa lance, accroche le sceau, et reprend son poste en repoussant les leviers de support vers la gauche. | Ne bouge. | Ne bouge. | Ne bouge. | Ne bouge. |
| **EN AVANT.** | | | | | | | | | | | |
| Accroche sa bricole de la main droite au crochet de la tête d'affût. | Se place à l'extrémité des leviers de support et les saisit des deux mains, et soulève la crosse. | Se porte au levier de pointage de gauche, le saisit des deux mains par le petit bout, et soulève la crosse. | Accroche le second sa bricole de la main droite au crochet de la tête d'affût. | Accroche le premier sa bricole de la main droite à la flotte à crochet. | Accroche le second sa bricole de la main droite à la flotte à crochet. | Portant son écouvillon sur l'épaule droite, la brosse en bas, accroche sa bricole de la main gauche au crochet de la tête d'affût. | Se porte à l'extrémité des leviers de support, les saisit des deux mains, et soulève la crosse. | Se porte au levier de pointage de droite, le saisit des deux mains par le petit bout, et soulève la crosse. | Accroche le second sa bricole de la main gauche au crochet de la tête d'affût. | Accroche le premier sa bricole de la main gauche à la flotte à crochet. | Accroche le second sa bricole de la main gauche à la flotte à crochet. |
| **EN RETRAITE.** | | | | | | | | | | | |
| Accroche le second sa bricole de la main gauche à la flotte à crochet. | Se porte à l'extrémité des leviers du support en dehors des bricoles, et soulève la crosse. | Se porte au levier de pointage de gauche, le saisit de la main gauche, et soulève la crosse. | Accroche le premier sa bricole de la main gauche à la flotte à crochet. | Accroche le premier sa bricole de la main gauche au crochet de la crosse. | Accroche le second sa bricole de la main gauche au crochet de la crosse. | Portant son écouvillon sur l'épaule gauche, la brosse en bas, accroche sa bricole de la main droite, le second à la flotte à crochet. | Se porte à l'extrémité des leviers de support en dehors des bricoles, et soulève la crosse. | Se porte au levier de pointage de droite, le saisit de la main droite, et soulève la crosse. | Accroche le premier sa bricole de la main droite à la flotte à crochet. | Accroche sa bricole le premier, et de la main droite, au crochet de la crosse. | Accroche le second sa bricole de la main droite au crochet de la crosse. |
| **EN PARADE.** | | | | | | | | | | | |
| Fait à gauche. | Fait à gauche, et se porte à hauteur de la fusée de l'essieu. | Fait à gauche, et se porte à la hauteur du bouton de culasse. | Ces trois servans placés comme: *A vos postes.* | | | Fait à droite, portant son écouvillon sur l'épaule droite, la brosse en bas. | Fait à droite, et se porte à hauteur de la fusée de l'essieu. | Fait à droite, et se porte à hauteur du bouton de culasse. | Ces trois servans placés comme: *A vos postes.* | | |

Le deuxième servant à son poste à gauche et à hauteur du bout du timon. Pendant l'action, il se porte au coffret ou au caisson, distribue les munitions aux pourvoyeurs : dans les mouvemens en avant et en retraite, il est chargé de la conduite de l'avant-train.

## POSITIONS ET FONCTIONS DES HOMMES PLACÉS A LA GAUCHE DE LA PIÈCE.

| Mouvement | PREMIER SERVANT. | DEUXIÈME SERVANT. | CANONNIER. | TROISIÈME SERVANT. | QUATRIÈME SERVANT. | CINQUIÈME SERVANT. | SIXIÈME SERVANT. |
|---|---|---|---|---|---|---|---|
| EN ACTION. | Ecarte la jambe droite, incline le corps sur cette partie, et tend la gauche. Au commandement : *Chargez*, il se relève sur la partie gauche ; se porte à la bouche de la pièce par un pas du pied droit, qu'il place à hauteur de l'astragale ; se fend du gauche parallèlement à l'axe de la pièce ; aide au premier servant de droite à enfoncer l'écouvillon, à écouvillonner et à retirer l'écouvillon de la pièce ; fait un à-droite du corps, reçoit la charge des mains du pourvoyeur, la place dans le canon, aide au premier servant de droite à l'enfoncer, à la refouler et à retirer le refouloir ; il se retire ensuite à son poste par un mouvement contraire. | Pousse en avant les leviers de support pour se donner la facilité de se porter à la culasse. *Lorsque* la pièce est chargée, et que le canonnier de gauche se retire à son poste ; il fait un pas du pied gauche en avant, assemble du droit, dégorge de la main droite, place l'étoupille de la gauche, se retire à son poste par un mouvement contraire, et fait signe au deuxième servant de droite de mettre le feu. | Ne bouge. Au commandement : *Chargez*, il fait un pas du pied droit vers la crosse, se fend du gauche, saisit la manivelle de la main droite, bouche la lumière avec le 2.ᵉ doigt de la main gauche, donne les degrés d'élévation à la pièce. Après qu'elle est chargée et pointée, il se retire à son poste par un mouvement contraire. | Pourvoyeur de la pièce, il va au coffret, remplit son sac de munitions, et vient se placer derrière le premier servant de gauche, et fait les mêmes mouvemens que lui pour être à portée de lui donner les munitions. | Alterne avec le troisième et le cinquième servans comme pourvoyeur de la pièce. | Alterne avec le troisième et le quatrième servans comme pourvoyeur de la pièce. | Ne bouge. |
| À VOS POSTES. | Se relève sur la partie gauche. | Ne bouge. | Ne bouge. | Reprend son poste. | Reprend son poste, s'il l'a quitté pendant l'action. | Reprend son poste, s'il l'a quitté pendant l'action. | Reprend son poste, s'il l'a quitté pendant l'action. |
| EN AVANT. | Accroche sa bricole de la main droite au crochet de la tête d'affût. | Se porte à l'extrémité des leviers de support, et les saisit des deux mains. | Se porte au petit bout du levier de pointage de gauche, le saisit des deux mains, et soulève la crosse. | Accroche le 2.ᵉ sa bricole de la main droite au crochet de la tête d'affût. | Accroche le premier sa bricole de la main droite à la flotte à crochet. | Accroche le 2.ᵉ sa bricole de la main droite à la flotte à crochet. | Se porte aux leviers de support entre le deuxième servant et les flasques. |
| EN RETRAITE. | Accroche sa bricole de la main droite au crochet de la tête d'affût. | Se porte à l'extrémité des leviers de support en dehors des bricoles. | Se porte au levier de pointage de gauche, le saisit de la main gauche, et soulève la crosse. | Accroche le premier sa bricole à la flotte à crochet. | Accroche le premier sa bricole au double crochet de retraite. | Accroche le 2.ᵉ sa bricole au double crochet de retraite. | Se porte à la bouche de la pièce, la main droite à l'anse, et la gauche appuyée sur le bourrelet. |
| EN PARADE. | Fait à-gauche. | Fait à-gauche, et se porte à hauteur de la fusée de l'essieu. | Fait à-gauche, et se porte à hauteur du bouton de la culasse. | La même position qu'au commandement : *À vos postes.* | La même position qu'au commandement : *À vos postes.* | La même position qu'au commandement : *À vos postes.* | La même position qu'au commandement : *À vos postes.* |

## POSITIONS ET FONCTIONS DES HOMMES PLACÉS A LA DROITE DE LA PIÈCE.

| Mouvement | PREMIER SERVANT. | DEUXIÈME SERVANT. | CANONNIER. | TROISIÈME SERVANT. | QUATRIÈME SERVANT. | CINQUIÈME SERVANT. | SIXIÈME SERVANT. |
|---|---|---|---|---|---|---|---|
| EN ACTION. | Ecarte la jambe gauche, incline le corps sur cette partie, et tend la droite. Au commandement : *Chargez*, il se retire sur la partie droite, étendant le bras droit de toute sa longueur pour avoir la facilité de passer son écouvillon près de la roue, se porte à la bouche de la pièce par un pas du pied gauche, qu'il place à hauteur de l'astragale ; se fend de la jambe droite parallèlement à l'axe de la pièce, aidé du premier servant de gauche ; il enfonce son écouvillon, et écouvillonne la pièce ; retire son écouvillon, qu'il change en refouloir, enfonce la charge et la refoule ; retire son refouloir de la pièce, et reprend son poste en faisant tourner son écouvillon, qu'il reçoit dans la main gauche près de la brosse, et de la main droite au milieu de la hampe, les ongles en dessus. | Porte le pied de droite en avant, décroche le seau de la main droite, le pose sous la fusée de l'essieu, allume sa lance, et se place en demi-à-gauche, tenant son boute-feu de la main droite en dehors. Au signal du deuxième servant de gauche, il met le feu à la pièce. | Par un grand pas du pied gauche, et se fendant du droit, se porte entre les leviers de pointage, qu'il saisit des deux mains ; dirige la pièce, se retire à son poste par un mouvement contraire, et fait le commandement : *Chargez.* | Ne bouge. | Ne bouge. |  |  |
| À VOS POSTES. | Se relève sur la partie droite. | Eteint sa lance, accroche le seau, et reprend son poste en repoussant les leviers de support vers la gauche. | Ne bouge. | Ne bouge. | Ne bouge. | Ne bouge. | Ne bouge. |
| EN AVANT. | Porte son écouvillon sur l'épaule droite, la brosse en bas, accroche sa bricole de la main gauche au crochet de la tête d'affût. | Se porte à l'extrémité des leviers de support, les saisit des deux mains. | Se porte au levier de pointage de droite, le saisit des deux mains, et soulève la crosse. | Accroche le 2.ᵉ sa bricole au crochet de la tête d'affût de la main gauche. | Accroche le premier sa bricole de la main gauche à la flotte à crochet. | Accroche le 2.ᵉ sa bricole de la main gauche à la flotte à crochet. | Se porte aux leviers de support entre le deuxième servant et les flasques. |
| EN RETRAITE. | Porte son écouvillon sur l'épaule gauche, la brosse en bas, accroche sa bricole de la main droite, et le second à la flotte à crochet. | Se porte à l'extrémité des leviers de support en dehors des bricoles. | Se porte au levier de pointage de droite, le saisit de la main droite, et soulève la crosse. | Accroche le premier de la main droite à la flotte à crochet de la main droite. | Accroche le premier de la main droite au double crochet de retraite. | Accroche le 2.ᵉ sa bricole de la main droite à la flotte à crochet. | Se porte à la bouche de la pièce, la main gauche à l'anse, la droite appuyée sur le bourrelet. |
| EN PARADE. | Fait à-droite, portant son écouvillon sur l'épaule droite, la brosse en bas. | Fait à-droite, et se porte à hauteur de la fusée de l'essieu. | Fait à-droite, et se porte à hauteur du bouton de culasse. | La même position qu'au commandement : *À vos postes.* | La même position qu'au commandement : *À vos postes.* | La même position qu'au commandement : *À vos postes.* | La même position qu'au commandement : *À vos postes.* |

NOTA. On n'emploie point de sixième servant aux pièces de 8 et de 6.

Le onzième servant à la pièce de 6 et de 8, et le treizième à la pièce de 12, ont leur poste à gauche du bout du timon pendant l'action ; ils sont à la garde du coffret, et distribuent les munitions aux pourvoyeurs. Dans les mouvemens en avant et en retraite, ils sont chargés de la conduite de l'avant-train.

## TABLE RELATIVE AUX SABOTS POUR CARTOUCHES A BOULETS DE

| | 12. | | | | | 8. | | | | | 6. | | | | | 4. | | | | |
|---|---|---|---|---|---|---|---|---|---|---|---|---|---|---|---|---|---|---|---|---|
| | MESURES | | | | | MESURES | | | | | MESURES | | | | | MESURES | | | | |
| | ANCIENNES. | | | MÉTRIQUES. | | ANCIENNES. | | | MÉTRIQUES. | | ANCIENNES. | | | MÉTRIQUES. | | ANCIENNES. | | | MÉTRIQUES. | |
| | po. | lig. | p.ts | mètr. | cent. | po. | lig. | p.ts | mètr. | cent. | po. | lig. | p.ts | mètr. | cent. | po. | lig. | p.ts | mètr. | cent. |
| SABOTS. Diamètre inférieur | 3 | 11 | » | 0, | 106 | 3 | 4 | » | 0, | 090 | 3 | » | 9 | 0, | 082 | 2 | 7 | 6 | 0, | 071 |
| —— au milieu de la rainure | 3 | 7 | » | 0, | 097 | 3 | » | 6 | 0, | 082 | 2 | 8 | 3 | 0, | 072 | 2 | 5 | » | 0, | 065 |
| —— supérieur | 4 | » | 9 | 0, | 109 | 3 | 6 | » | 0, | 095 | 3 | 1 | 8 | 0, | 084 | 2 | 9 | 4 | 0, | 074 |
| Hauteur du sabot jusqu'à la rainure | » | 4 | » | 0, | 009 | » | 4 | » | 0, | 009 | » | 5 | 6 | 0, | 008 | » | 3 | » | 0, | 007 |
| Largeur de la rainure | » | 5 | » | 0, | 011 | » | 5 | » | 0, | 011 | » | 4 | » | 0, | 009 | » | 4 | » | 0, | 009 |
| Hauteur du sabot de la rainure en haut | 1 | 3 | » | 0, | 034 | 1 | 1 | » | 0, | 029 | 1 | » | » | 0, | 027 | » | 11 | » | 0, | 025 |
| Hauteur totale du sabot | 2 | » | » | 0, | 054 | 1 | 10 | » | 0, | 050 | 1 | 8 | » | 0, | 045 | 1 | 6 | » | 0, | 041 |
| Creux pour recevoir le boulet. Profondeur | 1 | 1 | » | 0, | 029 | » | 11 | » | 0, | 025 | » | 9 | » | 0, | 020 | » | 8 | » | 0, | 018 |
| Rayon | 2 | 4 | 9 | 0, | 064 | 2 | » | 6 | 0, | 035 | 1 | 9 | 9 | 0, | 048 | 1 | 8 | » | 0, | 045 |
| Diamètre | 3 | 11 | » | 0, | 106 | 3 | 4 | » | 0, | 090 | 3 | 1 | 8 | 0, | 084 | 2 | 7 | 4 | 0. | 070 |
| Bandelettes de fer-blanc percées de deux trous à chaque bout. Longueur | 14 | » | » | 0, | 379 | 12 | » | » | 0, | 325 | 11 | » | » | 0, | 298 | 10 | » | » | 0, | 271 |
| Largeur | » | 5 | » | 0, | 011 | » | 5 | » | 0, | 011 | » | 4 | » | 0, | 009 | » | 4 | » | 0, | 009 |
| Distance des bouts de la bandelette au premier trou | » | 3 | » | 0, | 007 | » | 3 | » | 0, | 007 | » | 3 | » | 0, | 007 | » | 3 | » | 0, | 007 |
| deuxième trou | 1 | » | » | 0, | 027 | 1 | » | » | 0, | 027 | 1 | » | » | 0, | 027 | 1 | » | » | 0, | 027 |
| Profondeur des rainures du sabot pour recevoir les bandelettes | » | » | 6 | 0, | 001 | » | » | 6 | 0, | 001 | » | » | 6 | 0, | 001 | » | » | 6 | 0, | 001 |
| Longueur des huit cloux, pour sabots, à tête plate et mince, pour ensabotter | » | 4 | » | 0, | 009 | » | 4 | » | 0, | 009 | » | 4 | » | 0, | 009 | » | 4 | » | 0, | 009 |
| Circonférence des boulets | 13 | 8 | 6 | 0, | 371 | 11 | 10 | 1 | 0, | 321 | 10 | 5 | » | 0, | 282 | 9 | 3 | 4½ | 0, | 252 |
| Diamètre des mandrins pour vérifier les sachets | 4 | » | » | 0, | 108 | 3 | 6 | » | 0, | 095 | 3 | 1 | » | 0, | 085 | 2 | 9 | » | 0, | 074 |
| Sachets de serge pour la poudre. hauteur sans les replis | 11 | » | » | 0, | 298 | 10 | » | » | 0, | 271 | 9 | 6 | » | 0, | 258 | 9 | » | » | 0, | 244 |
| Développement, id. | 12 | 7 | » | 0, | 341 | 10 | 9 | » | 0, | 291 | 9 | 7 | 8 | 0, | 261 | 8 | 6 | 2 | 0, | 231 |
| Diamètre des culots, id. | 4 | » | » | 0, | 108 | 5 | 5 | » | 0, | 092 | 3 | » | 9 | 0, | 082 | 2 | 8 | 6 | 0, | 073 |
| Hauteur des charges de poudre | 8 | 3 | » | 0, | 224 | 6 | 9 | » | 0, | 182 | 6 | 5 | » | 0, | 173 | 6 | 1 | » | 0, | 164 |
| Hauteur totale de la cartouche à boulet | 13 | 6 | » | 0, | 566 | 11 | 6 | » | 0, | 312 | 10 | 10 | » | 0, | 294 | 9 | 11 | » | 0, | 269 |
| Poids total de la cartouche | 16 liv. 11 onces. | | | 8 kil. 169. | | 11 liv. 2 onces. | | | 5 kil. 996. | | 8 liv. 8 onces. | | | 4 kil. 161 | | 5 liv. 12 onces. | | | 2 kil. 815 | |

N.° V.

| TABLE RELATIVE AUX CARTOUCHES A BALLES DE... | 12. | | | | | 8. | | | | | 4. | | | | | OBUSIER DE 6 POUCES. | | | | |
|---|---|---|---|---|---|---|---|---|---|---|---|---|---|---|---|---|---|---|---|---|
| | MESURES | | | | | MESURES | | | | | MESURES | | | | | MESURES | | | | |
| | ANCIENNES. | | | NOUVELLES. | | ANCIENNES. | | | NOUVELLES. | | ANCIENNES. | | | NOUVELLES. | | ANCIENNES. | | | NOUVELLES. | |
| | po. | lig. | p.ts | mètr. | cent. | po. | lig. | p.ts | mètr. | cent. | po. | lig. | p.ts | mètr. | cent. | po. | lig. | p.ts | mètr. | cent. |
| Diamètre des balles du n.° 1, dit grand calibre | 1 | 5 | » | 0, | 038 | 1 | 2 | 9 | 0, | 030 | » | 11 | 10 | 0, | 026 | 1 | 5 | » | 0, | 038 |
| ——— du n.° 2, dit petit calibre | 1 | » | » | 0, | 027 | » | 10 | 6 | 0, | 025 | » | 10 | 9 | 0, | 024 | » | » | » | » | » |
| ——— du n.° 3, dit arrière-petit calibre | » | 11 | 6 | 0, | 026 | » | 10 | 2 | 0, | 024 | » | » | » | » | » | » | » | » | » | » |
| Grande lunette du n.° 1 | 1 | 5 | 2 | 0, | 038 | 1 | 2 | 11 | 0, | 031 | 1 | » | » | 0, | 027 | » | » | » | » | » |
| Petite lunette du n.° 1 | 1 | 4 | 9 | 0, | 037 | 1 | 2 | 6 | 0, | 030 | » | 11 | 8 | 0, | 026 | » | » | » | » | » |
| Grande lunette du n.° 2 | 1 | » | 2 | 0, | 028 | » | 10 | 8 | 0, | 0245 | » | 10 | 11 | 0, | 025 | » | » | » | » | » |
| Petite lunette du n.° 2 | » | 11 | 10 | 0, | 027 | » | 10 | 4 | 0, | 024 | » | 10 | 7 | 0, | 024 | » | » | » | » | » |
| Grande lunette du n.° 3 | » | 11 | 8 | 0, | 026 | » | 10 | 4 | 0, | 024 | » | » | » | » | » | » | » | » | » | » |
| Petite lunette du n.° 3 | » | 11 | 4 | 0, | 0255 | » | 10 | » | 0, | 025 | » | » | » | » | » | » | » | » | » | » |
| FEUILLE DE FER-BLANC — longueur, y compris 0,m 009 (4 lignes) de recouvrement | 13 | 11 | 5 | 0, | 559 | 12 | 2 | 6 | 0, | 029 | 9 | 9 | 5 | 0, | 264 | 18 | 9 | » | 0, | 507 |
| FEUILLE DE FER-BLANC — hauteur, compris les plis de dessus et de dessous — pour grande cartouche | 9 | » | » | 0, | 244 | 7 | 6 | » | 0, | 203 | 6 | 4 | » | 0, | 171 | 8 | » | » | 0, | 217 |
| FEUILLE DE FER-BLANC — hauteur, compris les plis de dessus et de dessous — pour petite cartouche | 8 | 4 | » | 0, | 226 | 7 | 5 | » | 0, | 203 | 7 | 5 | » | 0, | 196 | » | » | » | » | » |
| Diamètres intérieurs des boîtes, des culots et des couvercles | 4 | 3 | » | 0, | 115 | 3 | 8 | 6 | 0, | 100 | 2 | 11 | » | 0, | 079 | 5 | 10 | » | 0, | 158 |
| Epaisseur des culots | » | 3 | 6 | 0, | 008 | » | 3 | » | 0, | 007 | » | 2 | 6 | 0, | 006 | » | 4 | » | 0, | 009 |
| HAUTEUR EXTÉRIEURE DES CARTOUCHES FAITES. — Grande cartouche | 8 | 3 | » | 0, | 224 | 6 | 9 | » | 0, | 182 | 5 | 7 | » | 0, | 151 | 7 | 4 | » | 0, | 198 |
| HAUTEUR EXTÉRIEURE DES CARTOUCHES FAITES. — Petite cartouche | 7 | 6 | » | 0, | 205 | 6 | 8 | » | 0, | 180 | 6 | 6 | » | 0, | 176 | » | » | » | » | » |
| Hauteur des charges de poudre | 8 | 7 | » | 0, | 233 | 7 | 4 | » | 0, | 198 | 7 | 9 | » | 0, | 209 | 6 | 6 | » | 0, | 176 |
| SACHETS. — Hauteur, les remplis compris | 12 | » | » | 0, | 325 | 11 | » | » | 0, | 298 | 10 | » | » | 0, | 271 | 10 | » | » | 0, | 271 |
| SACHETS. — Circonférence ou développement, les remplis compris | 13 | 1 | » | 0, | 354 | 11 | 1 | » | 0, | 300 | 8 | 10 | 2 | 0, | 240 | 8 | 10 | 2 | 0, | 240 |
| SACHETS. — Diamètre du culot | 4 | 6 | » | 0, | 122 | 3 | 9 | » | 0, | 101 | 3 | » | 6 | 0, | 082 | 3 | » | 6 | 0, | 082 |
| Largeur des remplis pour le corps et le culot du sachet | » | 3 | » | 0, | 007 | » | 2 | » | 0, | 005 | » | 2 | » | 0, | 005 | » | 2 | » | 0, | 005 |
| NOMBRE DES BALLES DU N.° 1 POUR LA GRANDE CARTOUCHE | 41 BALLES. | | | | | 41 BALLES. | | | | | 41 BALLES. | | | | | 60 BALLES. | | | | |
| NOMBRE DES BALLES DE LA PETITE CARTOUCHE { du n.° 2 / du n.° 3 } en tout | 80 / 32 } 112. | | | | | 80 / 32 } 112. | | | | | 4 du n.° 1 / 59 du n.° 3 } 63. | | | | | » » / » » | | | » » / » » | |
| Poids des boîtes vides avec leurs culots | 1 liv. | 12 onces. | | 0 kil. | 857 | 1 liv. | 9 onces. | | 0 kil. | 765. | 14 onces. | | | 0 kil. | 428 | » | » | | » | » |
| Poids des culots | 1 | 5 | | 0 | 642 | » | » | | » | » | 6 J D. 6 gros. | | | 0 | 184 | » | » | | » | » |
| COUVERCLES. Il en faut pour peser 0, kil. 489 (1 livre) | 10 couvercles. | | | » | » | » | » | | » | » | 26 couvercles. | | | » | » | » | » | | » | » |
| Poids (à peu près) de la grande cartouche faite | 20 liv. | 4 onces. | | 9 | 912 | 14 liv. | 6 onces. | | 7 | 036 | 7 liv. | 8 onces. | | 5 kil. | 671 | 52 liv. | 8 onces. | | 15 kil. | 664 |
| Poids de la petite cartouche faite | 20 | 4 | | 9 | 912 | 14 | 7 | | 7 | 067 | 8 | 9 | | 4 | 191 | » | » | | » | » |

# DIMENSIONS DES FUSÉES A BOMBES ET A OBUS.

Ces fusées sont tournées et faites de bois de tilleul ; il y en a de trois grandeurs : celles du N.° 1 sont pour les bombes de 12 pouces et de 10 pouces ; celles du N.° 2 pour les bombes et obus de 6 pouces ; celles du N.° 3 pour les obus de 6 pouces.

| | N.° 1. | | | | N.° 2. | | | | N.° 3. | | | |
| | MESURES | | | | MESURES | | | | MESURES | | | |
| | ANCIENNES. | | NOUVELLES. | | ANCIENNES | | NOUVELLES. | | ANCIENNES. | | NOUVELLES. | |
| | po. | lig. | mètr. | cent. | po. | lig. | mètr. | cent. | po. | lig. | mètr. | cent. |
|---|---|---|---|---|---|---|---|---|---|---|---|---|
| Longueur, y compris un massif, de 0,$^m$ 011 ( 5 lignes au petit bout) 0,$^m$ 007 ( 3 lignes au N.° 3 ). . . . . . . . . . . . . . . . | 9 | » | 0, | 244 | 8 | » | 0, | 217 | 5 | 6 | 0, | 149 |
| Diamètre au gros bout avant que le chanfrein soit formé . . . | 1 | 8 | 0, | 045 | 1 | 4 | 0, | 036 | 1 | 3 | 0, | 034 |
| Diamètre à deux pouces du gros bout, s'y réunissant par un cintre insensible. . . . . . . . . . . . . . . | 1 | 5 | 0, | 038 | » | » | » | » | » | » | » | » |
| Diamètre à 0,$_m$ 041 ( 18 lignes ) du gros bout s'y réunissant, etc. | » | » | » | » | 1 | 1 | 0, | 029 | 1 | » | 0, | 027 |
| Diamètre à 0,$^m$ 081 ( 5 pouces ) du gros bout, en ligne droite jusqu'au petit bout. . . . . . . . . . . . . . . . . | 1 | 4 | 0, | 036 | » | » | » | » | » | » | » | » |
| Diamètre à 0,$^m$ 095 ( 5 pouces 6 lignes ) du gros bout en ligne droite, etc. . . . . . . . . . . . . . . . . . | » | » | » | » | 1 | » | 0, | 027 | » | 11 | 0, | 025 |
| Diamètre au petit bout (l'angle du petit bout est abattu et non chanfreiné) . . . . . . . . . . . . . . . . . | 1 | 2 | 0, | 052 | » | 11 | 0, | 025 | » | 10 | 0, | 023 |
| Largeur du chanfrein du gros bout sur la longueur des fusées . . | 2 | » | 0, | 054 | 1 | 6 | 0, | 041 | 1 | 6 | 0, | 041 |
| Largeur du chanfrein sur le diamètre des fusées . . . . . . . | » | 1 | 0, | 002 | » | 19 | 0, | 003 | » | 19 | 0, | 003 |
| Diamètre du canal pour la charge. . . . . . . . . . . | » | 5 | 0, | 011 | » | 4 | 0, | 009 | » | 4 | 0, | 009 |
| Godet formé sur le gros bout pour loger l'étoupille. { diamètre. | 1 | 2 | 0, | 032 | » | 11 | 0, | 025 | » | 10 | 0, | 023 |
| { profondeur. | » | 3 | 0, | 007 | » | 3 | 0, | 007 | » | 3 | 0, | 007 |
| POIDS DES FUSÉES . . . . . . . . . . . . . . . . | 5 | onces. | 0, kil. | 153 | 4 | onces. | 0, kil. | 122 | 4 | onces. | 0, kil. | 121 |

# DIMENSIONS DES FUSÉES A GRENADES A MAIN.

| | MESURES | |
|---|---|---|
| | ANCIENNES. | NOUVELLES. |
| | lignes. | mètr.   cent. |
| Diamètre au gros bout. . . . . . . . . . . . . . . . . . . . . | 10 | 0,   023 |
| ———— à un demi-pouce en dessous. . . . . . . . . . . . | 7 | 0, -  016 |
| ———— au petit bout . . . . . . . . . . . . . . . . . . . . . | 6 | 0,   014 |
| Longueur de la fusée . . . . . . . . . . . . . . . . . . . . | 3o | 0,   068 |
| Diamètre de la lumière . . . . . . . . . . . . . . . . . . . | 2 | 0,   005 |

# DIMENSIONS DE LA BATTERIE

### EXISTANTE EN 1806

## AU POLYGONE DE L'ÉCOLE MILITAIRE.

Cette batterie est armée d'une pièce de 24, montée sur affût de siége ;
Une pièce de 12 long, montée sur affût de place ;
Une pièce de 12 long, montée sur affût de côte ;
Un obusier de 8 pouces, monté sur affût de siége ;
Un mortier de 12 pouces ;
Un mortier de 8 pouces.

| | mèt. | tois. pi. po. |
|---|---|---|
| Longueur totale de l'épaulement | 34 . 109 | 17 . 3 . » |
| Epaisseur du coffre à la base | 6 . 497 | 3 . 2 . » |
| Epaisseur dans le haut | 5 . 359 | 2 . 4 . 6 |
| Hauteur intérieure | 2 . 274 | 1 . 1 . » |
| Hauteur extérieure | 2 . 057 | 1 . » . 4 |
| Talus d'intérieur | 0 . 758 | » . 2 . 4 |
| Talus extérieur | 1 . 137 | » . 3 . 6 |
| Talus supérieur ou plongé | 0 . 217 | » . » . 8 |
| Hauteur de la genouillère pour la pièce de siége et l'obusier de 8 pouc. | 1 . 192 | » . 3 . 8 |
| Hauteur de la genouillère pour la pièce de place à compter de la base. | 1 . 895 | » . 5 . 10 |
| Hauteur de l'épaulement à l'emplacement de la pièce de côte | 1 . 624 | » . 5 . » |
| Largeur de la berme | 0 . 975 | » . 3 . » |
| Hauteur de la berme au-dessus du niveau | 0 . 162 | » . » . 6 |
| Largeur du fossé | 4 . 873 | 2 . 3 . » |
| Profondeur du fossé | 2 . 599 | 1 . 2 . » |
| Talus de l'escarpe et de la contrescarpe | 0 . 867 | » . 2 . 8 |
| Ouverture intérieure de l'embrasure de la pièce de siége et de celle de place | 0 . 542 | » . 1 . 8 |
| Ouverture extérieure de l'embrasure de la pièce de siége et de celle de place | 2 . 924 | 1 . 3 . » |
| Ouverture intérieure de l'embrasure de l'obusier de siége | 0 . 812 | » . 2 . 6 |
| Ouverture extérieure de l'embrasure de l'obusier de siége | 2 . 924 | 1 . 3 . » |
| Hauteur du merlon au-dessus de la genouillère de l'embrasure de la pièce et de l'obusier de siége | 1 . 083 | » . 3 . 4 |
| Hauteur du merlon au-dessus de la genouillère de la pièce de place | 0 . 379 | » . 1 . 2 |

# DIMENSIONS DES BOIS

**A PLATES-FORMES.**

## PLATE-FORME DE SIÉGE.

| | | mèt. | tois. pi. po. |
|---|---|---|---|
| 1 Heurtoir. | Longueur | 2 . 599 | 1 . 2 . » |
| | Equarissage | 0 . 217 | » . » . 8 |
| 3 Gîtes.... | Longueur | 4 · 548 | 2 . 2 . » |
| | Largeur | 0 . 135 | » . » . 5 |
| | Epaisseur | 0 · 162 | » . » . 6 |
| 14 Madriers. | Longueur | 5 . 248 | 1 . 4 . » |
| | Largeur | 0 . 325 | » . 1 . » |
| | Epaisseur | 0 . 054 | » . » . 2 |

## PLATE-FORME DE PLACE.

| | | mèt. | tois. pi. po. |
|---|---|---|---|
| 1 contre-lisoir, entaillé à ses extrémités de 0ᵐ155 (5 pouces), percé à son milieu et dans son épaisseur d'un trou de 0ᵐ038 (17 lignes) de diamètre. | Longueur | 1 . 597 | » . 4 . 11 |
| | Largeur | 0 . 244 | » . » . 9 |
| | Epaisseur | 0 . 217 | » . » . 8 |
| 3 Poutrelles. | Longueur | 4 . 548 | 2 . 2 . » |
| | Equarissage | 0 . 135 | » . » . 5 |
| 1 Gîte cintré à 0ᵐ054 ( 2 pouces) de flèche..... | Longueur | 1 . 949 | 1 . » . » |
| | Hauteur | 0 . 155 | » . » . 5 |
| | Largeur au cintre | 0 . 162 | » . » . 6 |
| | Largeur aux bouts | 0 . 108 | » . » . 4 |
| 4 Gîtes droits. | Longueur du premier, qui est au milieu | 2 . 111 | 1 . » . 6 |
| | Longueur du dernier | 2 . 599 | 1 . 2 . » |
| | Equarrissage | 0 . 135 | » . » . 5 |

## Suite des dimensions des bois à plates-formes.

### PLATE-FORME DE COTE.

| | | mèt. | tois. pi. po. |
|---|---|---|---|
| 3 bouts circulaires de madriers cintrés à 0ᵐ231 ( 8 pouces 6 ligues ) de flèche | Longueur | 2 . 599 | 1 . 2 . » |
| | Largeur | 0 . 217 | » . » . 8 |
| | Epaisseur | 0 . 081 | » . » . 3 |
| 4 bouts de madriers pour les joints et l'appui de l'extrémité des madriers circulaires | Longueur | 0 . 325 | 1 . 1 . » |
| | Largeur | 0 . 535 | » . 1 . » |
| | Epaisseur | 0 . 054 | » . » , 2 |

### PLATE-FORME POUR MORTIER

#### DE 12 POUCES.

| | | mèt. | tois. pi. po. |
|---|---|---|---|
| 3 Lambourdes pour gîtes | Longueur | 2 . 599 | 1 . 2 . » |
| | Equarrissage | 0 . 217 | » . » . 8 |
| 11 Lambourdes | Longueur | 1 . 949 | 1 . » . » |
| | Equarrissage | 0 . 217 | » . » . 8 |

### PLATE-FORME POUR MORTIER

#### DE 8 POUCES.

| | | mèt. | tois. pi. po. |
|---|---|---|---|
| 3 Lambourdes pour gîtes | Longueur | 2 . 274 | 1 . 1 . » |
| | Equarrissage | 0 . 162 | » . » . 6 |
| 12 Lambourdes | Longueur | 1 . 949 | 1 . » . » |
| | Equarrissage | 0 . 162 | » . » . 6 |

La rédaction est adoptée.

Art. 593.  Le C. TREILHARD passe à l'article 593. Il fait observer que la rédaction nouvelle est conforme aux amendemens adoptés dans la séance du 20 vendémiaire.

La rédaction est adoptée.

Art. 594.  Le C. TREILLHARD ajoute que la section a cru devoir faire une addition à l'article 594, afin de prévenir les difficultés qui pour-raient s'élever lors de la cessation de l'usufruit sur les améliorations faites à la chose par l'usufruitier.